工程地理信息系统

李爱民　编著

黄河水利出版社
·郑州·

内 容 提 要

工程地理信息系统是研究信息技术在工程建设与工程管理领域的应用,是地理信息科学的重要发展方向之一,对国民经济建设具有重要的现实意义。本书是作者在参加多项工程地理信息系统课题研究的基础上,参阅大量文献资料编著而成的。在编写过程中,力求做到全面、系统、实用、易懂。本书共分八章,详细介绍了工程地理信息系统的概念以及开发和应用技术,主要内容包括:绪论、工程地理信息系统基础、工程测量信息系统、公路工程地理信息系统、高速公路工程地理信息系统、铁路地理信息系统、市政工程地理信息系统、油田物探地理信息系统。本书的末尾还附有相关附录供参考。

本书适合地理信息、土木工程、计算机等专业的研究生和本科生阅读,也可供工程管理人员、工程技术人员和希望掌握工程地理信息系统开发方法的人士应用参考。

图书在版编目(CIP)数据

工程地理信息系统/李爱民编著. —郑州:黄河
水利出版社,2023.3
ISBN 978-7-5509-3514-3

Ⅰ.①工… Ⅱ.①李… Ⅲ.①地理信息系统 Ⅳ.
①P208

中国版本图书馆 CIP 数据核字(2023)第 027522 号

策划编辑:郑佩佩 电话:0371-66025355 E-mail:1542207250@qq.com

出 版 社:黄河水利出版社 网址:www.yrcp.com
地址:河南省郑州市顺河路黄委会综合楼14层 邮政编码:450003
发行单位:黄河水利出版社
发行部电话:0371-66026940、66020550、66028024、66022620(传真)
E-mail:hhslcbs@126.com
承印单位:河南博之雅彩印有限公司
开本:787 mm×1 092 mm 1/16
印张:14.75
字数:338 千字
版次:2023 年 3 月第 1 版 印次:2023 年 3 月第 1 次印刷
定价:89.00 元

前　言

工程地理信息系统是在计算机软硬件支持下,把各种与工程有关的信息按照空间分布及属性以一定的格式输入、处理、管理、空间分析、输出的技术系统,是地理信息系统技术在工程建设领域的应用,目的是提高工程管理的水平。工程地理信息系统按应用对象划分,有公路信息系统、铁路信息系统、房地产信息系统、城市管网信息系统、物探信息系统等类型;按工程建设的不同阶段划分,在勘测设计阶段有工程勘察设计信息系统、线路选线信息系统、工程地质信息系统、工程测量信息系统等类型,在施工建设阶段有工程施工管理信息系统、工程监理信息系统、工程施工图信息系统、工程进度管理信息系统、工程计量管理信息系统等类型,在工程运营管理阶段有工程维护管理信息系统、工程运营管理信息系统、工程变形监测信息系统等类型。

工程地理信息系统的研究内容包括:工程地理信息系统的基本理论与技术,如数据采集、处理、存储与组织,查询与分析,专业应用模型的建立等;工程地理信息系统建立的一般工作方法;各种具体工程地理信息系统建立的过程、内容与特点;数据库结构的优化设计;数据挖掘技术的应用;工程三维可视化技术等。

GIS 的提出本身源于生产需要,工程地理信息系统则集中研究 GIS 的工程应用。一些发达国家都非常重视工程地理信息系统的研究和建设工作,并有许多成熟软件投入使用。中国自 20 世纪 80 年代开始重视信息化建设,已建成许多工程地理信息系统,这些信息系统在国家经济建设中发挥了重要作用,对工程信息化进程产生了积极的影响。

本书共分八章,第一章重点介绍了工程地理信息系统的相关概念;第二章介绍了工程地理信息系统的基础知识,包括计算机与网络、数据库基础、地理信息系统、系统集成技术等;第三章介绍工程测量信息系统的采集和建立方法;第四章介绍了公路工程管理的知识、公路工程监理系统的模型设计和建立方法;第五章介绍了高速公路工程地理信息系统的建立方法;第六章介绍了铁路工程管理的知识、铁路线路信息系统的建立方法;第七章介绍了市政工程基础知识、市政管网地理信息系统的设计和建立方法;第八章介绍了油田物探地理信息系统的设计和建立方法。本书在编写过程中,力求做到全面、系统、实用、易懂,对工程建设相关专业的学生、工程管理人员、工程技术人员具有较高的参考价值。

本书是郑州大学李爱民副教授在完成多项工程地理信息系统课题研究的基础上,参考课题成果报告和大量文献资料编著而成的。在此对参与课题研究的同志和文献资料的作者一并表示感谢。

由于作者水平有限,书中错误和不当之处在所难免,敬请读者批评指正。

作　者
2022 年 10 月

目　录

第一章　绪　论

第一节　信息与信息系统

随着科学技术的发展,人类社会迈进信息时代。知识就是力量,信息就是财富,信息资源在社会生产和人类生活中发挥着日益重要的作用。但是,信息作为一种资源的必要条件是对其进行有效的管理。如果没有信息管理,信息可能带来许多意想不到的问题。因此,充分利用计算机对信息及其相关活动因素进行科学的计划、组织、控制和协调,实现信息资源的充分开发、合理配置和有效利用,是管理活动的必然要求。

一、信息

(一)信息的定义

信息(information)是近代科学的一个专门术语,是客观世界中继物质和能量之后的第三个现代科学的基本概念,已广泛应用于社会的各个领域。但在不同的领域,从不同的角度,人们对信息有不同的定义和理解。例如:

(1)信息就是在观察或研究过程中获得的数据、新闻和知识。

(2)信息是指对消息接收者来说预先不知道的报道。

(3)信息是对数据加工后的结果。

(4)信息是帮助人们做出决策的知识。

广义的信息论认为,信息是主体(人、生物或机器)与外部客体(环境,其他人、生物或机器)之间相互联系的一种形式,是主体和客体之间一切有用的消息或知识,是表征事物特征的一种形式。

本书把信息定义为:信息是关于客观事实的可传输的消息与知识。

第一,信息是客观世界各种事物的特征的反映。客观世界中任何事物都在不停地运动和变化着,呈现出不同的特征。这些特征包括事物的有关属性状态,如时间、地点、程度和方式等。信息的范围极广,如:气温变化属于自然信息,遗传密码属于生物信息,工程报表属于管理信息等。

第二,信息是可以传输的。信息是构成事物联系的基础。由于人们通过感官直接获取的周围信息很有限,因此大量的信息需要通过各种仪器设备获得。

第三,信息形成知识。所谓知识,就是反映各种事物的信息进入人们的大脑,对神经细胞产生作用后留下的痕迹,是客观事物规律性的总结。千百年来,人们正是通过人类社会留下的各种形式的信息来认识事物、区别事物和改造世界的。

(二)信息的分类

信息可以从不同的角度进行分类:

按照管理层次,可分为战略信息、战术信息和作业信息。

按照应用领域,可分为管理信息、地理信息和科技信息等。

按照加工顺序,可分为一次信息、二次信息和三次信息等。

按照反映形式,可分为数字信息、文字信息、图像信息和声音信息等。

(三)信息的特征

信息具有客观性、实用性、可传输性、共享性、时效性、不完全性、可变换性、价值性等特征。

◆客观性:是指信息都与客观事实相关,这是信息正确性和精确性的保证。

◆实用性:是指从大量数据中收集、组织和管理有用的信息,这是建立信息系统目的性所决定的。

◆可传输性:是指信息可以在系统内或用户之间以一定形式或格式传送和交换。随着网络技术的发展,信息的可传输性日益重要。

◆共享性:是信息可传输性带来的结果,也就是信息可为多个用户共享。

◆时效性:是指从信息源发送信息,经过接收、加工、传递、利用的时间间隔及其效率。时间间隔愈短,使用信息愈及时,使用程度愈高,其时效性愈强。

◆不完全性:关于客观事实的信息难以全部获得,这与人们认识事物的程度有直接关系。因此,信息收集或信息转换要有主观思路,要运用已有的知识,要进行分析和判断。只有正确地舍弃无用和次要的信息,才能正确地使用信息。

◆可变换性:不同形态的信息可以通过不同的方法进行变换,也可以由不同的载体来存储。它使信息系统能提供多种丰富多彩的信息形态,在多媒体时代尤为重要。

◆价值性:信息是经过加工并对生产经营活动产生影响的数据,是劳动创造的,是一种资源,因而是有价值的。信息的价值为使用价值所获得的收益减去获取信息所用的成本。信息的使用价值必须经过转换才能得到。鉴于信息寿命衰老很快,转换必须及时。如:某车间可能窝工的信息知道得早,及时备料或安插其他工作,信息资源就转换为物质财富;反之,事已临头,知道了也没有用,转换已不可能,信息也就没有什么价值了。管理者要善于转换信息,去实现信息的价值。

(四)数据和信息的关系

数据和信息是信息系统科学中最基本的术语,在信息系统开发中常常被混淆。

数据是人们用来反映客观世界而记录下来的可以鉴别的物理符号。一般意义上认为是语言、数字或其他描述人、物体、事件和概念的特征符号(客观实体属性值),例如:某同学身高 1.80 m,体育成绩 10 分,其中 1.80、10 均是数据,是对某同学身高和体育成绩的描述。数据具有客观性和可鉴别性。随着计算机技术的高速发展,目前人们所说的数据已不仅仅是数字,还包括文字、声音、图形、图像等内容。

信息是构成一定含义的一组数据,也就是说并非所有的数据均为信息,只有经过加工(处理)后,对决策有价值的数据才称其为信息。

信息与数据是密切联系、不可分割的。数据是未加工的原始资料,是信息的载体和表示;信息则是来自数据,是数据在特定场合的具体含义,是数据的内容和解释。例如,从实地调查数据中抽取出各专题信息,从遥感影像数据中抽取各种图形和专题信息。

　　数据与信息又是两个不同的概念。数据来源于客观现实世界,是对客观事实的描述,是记录客观事物的性质、形态、数量特征的物理符号,其本身不能确切地给出具体的含义。信息是加工后的数据,它取决于人们的主观需求,并对人们的决策有潜在的价值或影响。

　　人们根据不同的需要从社会中收集不同的数据,经过加工处理后形成了信息,信息对决策过程产生影响再作用于社会。社会与信息就这样周而复始地转换,从而推动社会不断地向前发展。数据与信息转换过程如图 1-1 所示。

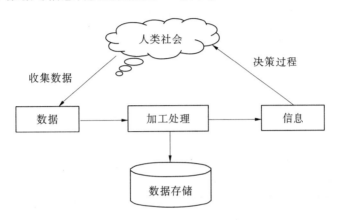

图 1-1　数据与信息的转换过程

(五)信息处理

　　信息处理是指按照应用的需要,采用一定的方法和手段对信息进行收集、加工、存储、传输和输出这样一个过程的总称。

　　(1)信息收集。信息收集也可称为原始数据收集,是信息处理的第一环节,信息的质量好坏很大程度取决于原始数据的收集是否及时、完整和真实。信息收集通常包括数据的识别、整理、表达和录入。

　　识别是指面对大量的数据,要选择那些有价值、能正确描述事件的数据;整理是指对识别获得的数据进行分类整理,便于对数据进一步加工;表达是指对整理后的数据采用一定的表达形式,如数字或编码、文字或符号、图形或声音等;录入是指将数据输入系统中,要求是避免差错。

　　在这一阶段,必须考虑:收集数据的手段是否完善? 准确程度和及时性如何? 具有哪些检验功能? 记录数据的手段是否方便易用? 数据收集人员的技术水平要求如何? 数据收集的组织机构和制度是否完善等? 这是一个费人、费时的过程,目前有些工作已有相应的自动化装置来完成。

　　(2)信息加工。信息加工是信息处理的基本内容,其任务是根据处理任务的要求,对数据进行鉴别、选择、排序、核对、合并、更新、转储、计算,生成适合应用需要的形式。信息加工往往不是一次完成的,在许多情况下,是根据不同的需要逐步分层进行的。例如:生产现场的数据,经过整理、统计,可以得到反映全面情况的企业综合指标;根据历年的数据,运用一定的模型,可以进行模拟预测及导出一些优化决策方案。因此,在信息加工过程中,常常会应用许多经济数学方法和运筹学模型进行各种预测和优化决策。

(3)信息存储。信息存储是指对获得的或加工后的数据暂时或长期保存起来,以备下次运用。这一阶段主要考虑信息的物理存储和逻辑组织两个方面:物理存储是指寻找适当的方法把信息存储于磁盘、光盘、缩微胶片等介质中;逻辑组织是指按信息逻辑的内在联系和使用方式,把信息组织成科学的数据结构,以便快速存取。

(4)信息传输。信息传输是指采用一定的方法和装置,实现信息从发方到收方的流动。信息的传输实现了系统内部各个组成部分之间的信息共享与交换及系统与外界的信息交流。对信息传输的要求主要是及时、迅速、安全、可靠,这样才能保证信息流动的畅通。

(5)信息输出。信息输出是指将处理后的信息按照工作要求的形式和习惯,将信息提供给有关的使用者。例如,采用屏幕显示后打印输出,形式可为表格、文字、图形、声音等。该阶段的关键在于必须充分研究使用者对信息输出的需求。

(六)管理信息

管理信息(management information)是组织在管理活动中采集到的、经过加工处理后对管理决策产生影响的各种数据的总称。

管理信息是信息的一种,除具备信息的基本属性外还具有层次性、系统性、目的性、离散性。管理信息的表现形式多种多样,除了通常的报告、报表、单据、进度图、计划书、协议、标准、定额等外,还有许多人们在管理过程中使用的行之有效的其他形式。管理信息形式的多样性为信息系统提供了更好的服务形式,但同时对信息的采集、加工处理、传输和利用提出了更高的要求,需要采取多种手段对各种信息进行转换。

(七)地理信息

地理信息(geographic information)是指与空间地理分布有关的信息,它表示地表物体和环境固有的数据、质量、分布特征、联系和规律的数字、文字、图形、图像等总称。

地理信息属于空间信息,它与一般信息的区别在于它具有区域性、多维性和动态性。区域性是指地理信息的定位特征,且这种定位特征是通过公共的地理基础来体现的。例如:用经纬网或公里网坐标来识别空间位置,并指定特定的区域。多维性是指在一个坐标位置上具有多个专题和属性信息。例如:在一个地面点上,可取得高程、污染、交通等多种信息。动态性是指地理信息的动态变化特征,即时序特性,从而使地理信息常以时间尺度划分成不同时间段信息。这就要求及时采集和更新地理信息,并根据多时相数据和信息来寻找时间分布规律,进而对未来做出预测和预报。

客观世界是一个庞大的信息源,随着现代科学技术的发展,特别是借助近代数学、空间科学和计算机科学,人们已能够迅速地采集到地理空间的几何信息、物理信息和人文信息,并适时地识别、转换、存储、传输、显示并应用这些信息,使它们进一步为人类服务。

二、信息系统

(一)信息系统的概念

系统(system)是由处于一定的环境中为达到某一目的而相互联系和相互作用的若干组成部分结合而成的有机整体。

信息系统(information system)是一个复合系统,它由人、硬件、软件和数据资源组成,目的是及时、正确地收集、加工、存储、传递和提供信息,实现组织中各项活动的管理、调节和控制。信息系统同时是一门边缘性学科,它以计算机、通信、网络等设备为物质基础,以管理理论、哲学、社会学、系统论、信息论、控制论、行为科学等为理论基础,以数学、运筹学等为处理问题的方法,满足组织对信息的需求。信息系统的概念结构如图 1-2 所示。

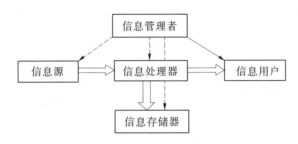

图 1-2　信息系统的概念结构

信息系统是一个面向应用的机器系统,由信息源、信息处理器、信息用户、信息存储器、信息传输通道和信息管理者等组成。操作人员负责将采集到的数据及时地输入到计算机中,计算机对这些原始数据进行加工处理,得到有用的信息输出,以满足管理与决策者的需要。信息系统与数据库管理系统的区别在于,信息系统具有以某种选定的方式解释数据的能力,因此能使用户得到有关数据的知识。

(二)信息系统的功能

(1)信息采集与输入功能:将信息收集起来,整理成相应的格式或形式,并输入信息系统,这是信息处埋的基础,这一步工作的质量是整个信息系统能否正常发挥作用的关键。

(2)信息存储功能:系统中的信息一般需要多次使用,从而实现数据和信息共享,因此,要对所收集的原始信息和加工整理后的信息进行存储。

(3)信息传输功能:对于计算机系统而言,信息传输实质上就是通信,通常是由计算机终端和通信设备连接而成的联机系统或分布式处理系统。

(4)信息加工处理功能:对信息的加工处理是信息系统的核心功能。

(5)信息输出功能:信息系统的目的是为用户提供各种信息服务,信息输出功能的完善与否,直接关系到信息系统的使用效果和整个系统效能的发挥。

信息系统将信息技术、信息和用户紧密连接在一起,但在信息系统的不同发展时期和发展阶段,这三者之间的平衡和协调有着不同的要求。因而,全面地协调信息、信息技术和用户之间的关系,以求得信息化建设的成功便成为其首要任务。

(三)信息系统的类型

随着计算机应用的普及,不同问题领域的各种信息系统相继出现,且种类繁多。从系统结构及处理方法看,主要分为以下几种。

1.作业信息系统

作业信息系统的任务是处理组织的业务,控制生产过程和支持办公事务,并更新有关的数据库。通常由三部分组成:

(1)业务处理系统:其目的是迅速、及时、正确地处理大量信息,提高管理工作的效率和水平。

(2)过程控制系统:主要指用计算机控制正在进行的管理过程。

(3)办公自动化系统:这是以先进技术和自动化办公设备(如文字处理设备、电子邮件、轻印刷系统等)支持人的部分办公业务活动。这种系统较少涉及管理模型和管理方法。

2.管理信息系统

管理信息系统(management information system,MIS)是对一个组织(单位、企业或部门)进行全面管理的人和计算机相结合的系统,它综合运用计算机技术、信息技术、管理技术,与现代化的管理思想、方法和手段相结合,辅助管理人员进行管理和决策。它是一种基于数据库的回答系统,往往停留在数据级上支持管理者,如人事管理信息系统、财务管理信息系统、产品销售信息系统等。管理信息系统的特点是:数据全部存储于计算机系统中,用户使用简单,操作方便,查询快捷,有较强的人-机对话功能,并且能直接从计算机中提供决策所需的参考信息。管理信息系统已成为计算机技术的重要应用领域,它以各种形态、各种模式用于管理领域,并成为计算机信息系统中应用最普遍的一类系统。

3.决策支持系统

决策支持系统(decision support system,DSS)是在MIS基础上发展起来的一种信息系统,它不仅为管理者提供数据支持,还提供方法和模型的可能支持,并对问题进行仿真和模拟,从而辅助决策者进行决策。决策支持系统比较注重于面向管理人员,面向某些管理部门的特定活动,用于解决生产计划、市场预测、销售结果分析等方面的问题。其主要特点是使决策者可以在计算机终端试验各种各样的行动方案,最终选择最优方案。

4.智能决策支持系统

智能决策支持系统(intelligent decision support system,IDSS)是在决策支持系统中进一步引入人工智能(artificial intelligence,AI)技术。例如:专家系统(expert system,ES)解决非结构化问题,提高系统决策自动化程度。

5.空间信息系统

空间信息系统(spatial information system,SIS)是对空间数据进行采集、处理、管理和分析的信息系统。由于空间数据的特殊性,使空间信息系统的组织结构及处理方法有别于一般信息系统。

6.地理信息系统

地理信息系统(geographic information system,GIS)是一种特定而又十分重要的空间信息系统。它是在计算机硬件与软件支持下,运用系统工程和信息科学的理论,科学管理和综合分析具有空间内涵的地理数据,以提供对规划、管理、决策和研究所需信息的空间信息系统。它是一门多技术交叉的空间信息科学,既依赖于地理学、测绘学、统计学等基础性学科,又取决于计算机硬件与软件技术、航天技术、遥感技术和人工智能与专家系统技术的进步与成就。此外,地理信息系统还是一门以应用为目的的信息产业,它的应用已深入到各行各业。

第二节　工程地理信息系统概述

为了适应信息化的要求,在工程建设和管理领域,专家学者提出了"数字工程"的概念。所谓数字工程,就是系统地获取、融合、分析和应用工程数字化信息,构建一个信息模型系统,为工程建设和运营管理提供服务和决策支持的技术和方法。通俗地讲,就是工程信息资源在计算机中的缩影。与数字工程有关的学科应包括地理信息系统、遥感、全球定位系统、数据库管理、视觉图像、互联网、计算机科学、智能信息管理等。对于一个工程项目来说,要实现"数字工程",其核心是建立信息平台,即构建各种专题信息系统,进而实现工程信息采集、编辑、查询、分析、输出的数字化、一体化。工程地理信息系统(engineering geographic information system,EGIS)是工程信息化的基础。借助于工程地理信息系统,一方面能够为工程建设和运营管理提供强有力的技术支持,将管理人员和技术人员从数据收集、手工统计分析等传统工作中解放出来;另一方面,更新工程建设管理的方法与手段,提高了信息沟通、信息采集、处理与分发的效率。所以,建立工程地理信息系统,能够提高工程质量和工作效率,实现工程管理的自动化、信息化和标准化,从而对整个工程建设行业的发展、进一步与国际接轨、拓宽国际市场,具有重要的意义。

一、工程地理信息系统的概念

工程地理信息系统是在计算机软硬件支持下,把各种与工程有关的信息按照空间分布及属性,以一定的格式输入、处理、管理、空间分析、输出的技术系统,是 GIS 技术在工程建设等领域中的应用,目的是提高工程管理的水平。按应用对象分类,有公路信息系统、铁路信息系统、房地产信息系统、市政工程信息系统、地下管线信息系统等。按工程建设的不同阶段分类,在勘测设计阶段有工程勘测设计信息系统、线路选线信息系统、工程地质信息系统、工程测量信息系统等;在工程施工阶段有工程施工管理信息系统、工程监理信息系统、工程施工图信息系统、工程进度管理信息系统、工程计量管理信息系统等;在工程运营管理阶段有工程维护管理信息系统、工程运营管理信息系统、工程变形测量信息系统等。GIS 的提出源于生产需要,工程地理信息系统的提出源于 GIS 技术的工程应用。世界一些发达国家都非常重视工程地理信息系统的研究和建设工作,并有许多成熟软件投放市场。中国自 20 世纪 80 年代开始重视信息化建设,已建成许多工程地理信息系统,如云南大保高速公路建设指挥部针对大保高速公路研制了《高速公路合同管理及投资控制系统》,武汉测绘科技大学(现指武汉大学)与中国葛洲坝水利水电工程集团公司联合研制的《施工总图管理信息系统》,信息工程大学测绘学院与焦作市公路管理局联合研制的《公路工程监理信息系统》等。这些信息系统在国家经济建设中发挥了重要作用,对工程信息化进程产生了重要的影响。

二、工程地理信息系统的研究内容

工程地理信息系统的研究内容包括各种具体工程地理信息系统建立的过程、内容与特点,数据结构的优化设计,数据挖掘技术的应用,工程三维可视化技术等理论、技术和方法。具体包括数据采集、处理、存储与组织、查询与分析、专业应用模型的建立等。

(一) 系统体系结构的研究

工程地理信息系统涉及面广,需要研究系统的体系结构,包括总体框架、逻辑框架和运行机制,建立统一的标准和规范,并制订切合实际的实施方案。

(二) 工程数据库的研究

工程地理信息系统不同于一般的地理信息系统,所处理的数据既包括与工程有关的空间位置信息(如工区地理位置、工程细部的位置信息),又包括工程专题数据(如桥梁、涵洞信息等)。所以系统数据库一般包括工程地理信息数据库和工程专题数据库。对于不同的工程,其专题数据库的结构是不同的,如:工程地质数据库要包括钻孔、地层岩性、岩性物理力学参数等信息;铁路信息数据库要包括道口、股道、岔道等信息;地下管网数据库要包括管线类型、管径、材质、埋深等信息。在设计工程专题数据库时,要深入调查研究,综合考虑管理对象和数据操作的要求,建立合理的数据模型和数据库结构。

(三) 相关应用模型的研究

在建立工程地理信息系统时,需要对相关应用模型进行研究,包括各模块设计模型、分析模型、评价与辅助决策模型。例如,在地下管网系统中,要研究爆管分析模型、管线自动生成模型等。

(四) 信息共享技术的研究

工程地理信息系统一般是分布式系统,需要通过局域网或互联网进行数据交换、发布工程项目信息,实现信息资源共享。所以,要研究诸如网络结构、运行模式、安全机制等问题。

三、工程地理信息系统的特点

(一) 以项目为主线管理数据

工程地理信息系统要管理的数据一般有项目基础数据、工区信息数据、测量数据、技术资料、各种图形图件等,种类多,数据量大,要把这些数据集中放到一起进行管理,系统查询速度慢,管理难度大。但这些数据一般隶属于不同的项目,所以按项目不同进行分类,以项目为主线分别建库管理是比较科学的。譬如系统建立一个新项目,在对话框输入项目名、项目编号等基础配置信息后,系统能够自动地建立一个新目录,各种类型的属于该项目的数据以文件形式或者以数据库形式保存到该目录中,当系统删除一个项目的时候,与该项目有关的数据同时删除。同时,系统设置当前项目,对数据库数据的插入、修改、检索、删除等操作就是针对当前项目。这种管理数据的方法能够提高系统运行速度,使数据管理条理有序。

(二)所用地图一般采用平面直角坐标系、高斯−克吕格投影

由于一般工程所涉及的范围较小,所以空间数据常采用平面直角坐标系、高斯−克吕格投影。对于线型工程,还要用到带状地形图。

四、工程地理信息系统的开发方法

建立工程地理信息系统不像人事管理系统、财务管理系统、物资管理系统那样完全可以由计算机专业人员完成,它需要用到计算机技术、网络技术、数据库技术、管理信息系统和地理信息系统技术及工程建设知识等,因此对开发人员的素质有着较高的要求。

(一)开发原则

1. 符合软件工程规范的原则

工程地理信息系统的开发必须按照软件工程的理论、方法和规范去组织与实施。无论采用的是哪一种开发方法,都必须注重软件表现工具的运用、文档资料的整理、阶段性评审,以及重视项目管理。

2. 实用性原则

系统必须满足管理上的要求,既保证系统功能的正确性,又方便实用,需要有友好的用户界面、灵活的功能调度、简便的操作和完善的系统维护措施。为此,系统的开发必须采用成熟的技术,认真细致地做好功能和数据的分析,并充分利用代码技术、菜单技术及人机交互技术,力求向用户提供良好的使用环境与信心保证。

3. 系统的原则

信息系统是由许多子功能的有序组合而成的,与管理过程和组织职能相互联系、相互协调。系统各子功能处理的数据既独立又相互关联,构成一个完整而又共享的数据体系。因此,在系统的开发过程中,必须十分注重其功能和数据上的系统性和整体性。

4. 逐步完善,逐步发展的原则

信息系统的建立不可能一开始就十分完善和先进,而总是要经历一个逐步完善、逐步发展的过程。事实上,管理人员对系统的认识在不断地加深,管理工作对信息需求和处理手段的要求越来越高,设备需要更新换代,人才培养也需要一个过程。贪大求全、试图一步到位不仅违反客观发展的规律,而且使系统研制的周期过于漫长,影响了信心,增大了风险。为了贯彻这个原则,开发工作应该先有一个总体的规划,然后分步实施。系统的功能结构及设备配置方案,都要考虑日后的扩充和可兼容程度,使系统具有良好的灵活性和可扩展性。

(二)技术方法

传统的工程项目管理系统一般是数据库管理系统,着重对非空间属性数据的存储、检索、维护等管理,且多以文字的形式表示数据,最多也是附加一些统计分析图表,忽略了数据与地理信息的关系。而工程地理信息系统既要管理非空间数据又需要地图显示及空间数据分析等功能,所以在工程地理信息系统开发中,必须采用系统集成技术,实现 GIS 与管理信息系统的有机融合。

把 GIS 集成到另外一个系统中,通常有三种方法:通过 OLE 自动化集成,基于动态链接库的集成,基于组件的集成。其中第三种方法是运用组件对象模型技术,在应用程序中调用 GIS 厂商提供的功能组件,如 SuperMap Objects、MapObjects、MapX 等,实现 GIS 功能。这些组件之间的接口由 COM 来管理,应用程序只需要对这些组件对象进行操作,不需要更深入地涉及组件内部是如何实现的。所以,基于组件的集成方法是工程地理信息系统开发中使用最多的技术方法。

(三)需要注意的问题

1. 系统维护问题

工程地理信息系统作为以计算机为基础的人-机系统,需要两个队伍的建设,一个是系统开发队伍,另一个是系统管理队伍。系统开发队伍是指从事系统分析、设计和计算机实现的技术人员及系统开发的组织管理人员。系统管理队伍是指系统投入使用后从事日常管理与维护工作的技术人员和管理人员。有人讲,建立和管理一个信息系统是"三分技术,七分管理",强调了管理的重要性。所以,一个系统开发完成后,如果没有系统管理人员的熟练技术和坚持不懈的努力,再好的系统也会因维护不善而废弃。

2. 观念问题

目前,管理信息化已经被广大的管理人员所接受,新的问题集中反映在对建立信息系统的目的缺乏正确的认识。有部分人把建立信息系统看成是赶时髦、充门面的事,或者是评职称的需要,不花力气,不做研究,钱花了,但不打算真正去用,结果系统流于形式或半途而废。建立信息系统是为工程建设服务的,其目的是提高工作效率,创造经济效益。所以,建好的系统不能束之高阁,一定要真正发挥其效益。

五、常用工程地理信息系统

(一)工程测量信息系统

随着工程测量数据采集和数据处理的自动化、数字化,测量工作者为更好地使用和管理工程测量信息,需要建立工程测量数据库或与 GIS 技术结合建立各种工程测量信息系统。应用该系统能够使外业数据采集、内业成果处理和管理统一在同一计算机平台中,实现工程测量生产管理的自动化和一体化。目前,许多工程测量部门已经建立各种用途的数据库和信息系统。系统利用 GIS 技术把 1:500、1:1 000、1:2 000、1:10 000 等地形图作为控制点、控制网显示的基础图,使用户得到控制点更多的信息,根据需要还可以利用基础图形生成点之记。

(二)工程地质信息系统

工程地质信息系统着重管理工程范围内的工程地质信息,包括岩土体的空间分布结构及其物理力学性质、水文地质特征、不良地质灾害发生分布概况等,反映场地的地基条件和施工条件对不同建筑物或构筑物建设的适宜程度。系统通过地质信息与地形图、数字影像地图的叠加,一方面为规划用地、建筑布局提供准确、直观的依据;另一方面使政府或规划设计部门对规划建设范围内各地块的钻孔分布状况一目了然。在钻孔分布密度稀少或缺乏的地段,有针对性地加强地质勘察工作,丰富、补充和完善信息系统的内容,避免重复、盲目的勘察工作。另外,工程地质信息系统能够为工程地质编图、工程地质研究、工程灾害和地质灾害的防治、地质环境保护与恢复及国土资源开发利用提供综合性服务。

(三)公路工程监理信息系统

公路工程监理信息系统是一个具有多要素、多层次、多功能的为监理工程师服务的公路工程施工管理系统软件。它以 GIS 技术为基础,统一管理与公路工程有关的各种设计资料和施工资料。系统界面设计美观,图形显示直观,操作简单方便,实现了公路工程施工管理中的路面、桥梁、涵洞设施等地理属性和管理属性的显示、查询、分析和图表输出等功能。以地形图、施工图、工程基本资料为依据,将各种数据放入数据库中,通过在系统界面点击地图的点、线、面等实体,得到属性、施工进度信息。该系统的建立,改变了传统的管理模式,为施工管理的科学化、信息化、标准化打下了良好的基础,将为我国的公路建设发挥更大的作用。

(四)铁路线路信息系统

铁路线路信息系统利用地理信息技术把铁路沿线的设施数据、图件、视频图像、文字资料等各种信息映射到地图平台上,构造一个与现实铁路相对应的虚拟的"数字铁路",实现了数据的统一管理和高效利用。用户通过系统能够进行浏览、查询、分析等操作,直观地了解铁路沿线的地形地貌信息、设施信息、站场图、视频图像信息等。系统为线路维护、管理、分析和决策提供管理平台;为不同时期的设施大修提供信息帮助,缩短作业周期,降低成本。系统的功能模块主要包括数据管理、地图管理、图形操作、信息查询、统计分析、打印报表、系统维护、帮助等。

(五)物探地理信息系统

物探地理信息系统是利用地理信息系统技术为勘探施工服务,实现图文交互式管理;为管理层提供生产、管理、分析和决策的依据;为不同目的的后续工作提供借鉴、分析、考校、论证等帮助,缩短作业周期,降低成本。系统可以根据部署地震测线的坐标数据,在计算机中自动生成带坐标的测线图,将之叠加在数字地形图上,可以清楚地看到测线所经过的地物。如果测线直接经过村镇、湖泊或高价值经济作物种植区等区域,需要时可以及时地做出适当的调整。系统可以进行多源二维图形数据的叠加分析,比如可以将同一地区的地震、重力、磁法、电法等资料分析成图后,进行比例尺及坐标配准,再进行二维叠合,不同物探数据所圈定的油气显示区域重叠的部分,可进行进一步油气分析研究。在数据成图方面,可以根据数据自动生成测线图等图件。

虽然我国信息技术起步较晚,但工程地理信息系统已经引起工程界的重视,许多单位开展系统研究和建设工作。随着以计算机技术、通信技术、网络技术、GIS 技术为代表的信息技术飞速发展,以及人类对信息资源的利用进入多样化、共享化的现代模式,在工程建设和管理领域内,集信息、硬件、软件和功能为一体化的工程地理信息系统应用潜力很大。

第二章　工程地理信息系统基础

第一节　计算机与网络基础

一、计算机组成

计算机是一套具有输入、输出、运算、控制、存储等五大功能，能够自动地、高速地进行数据处理的电子机器系统。它由计算机硬件和软件组成。

（一）计算机硬件

计算机硬件是指由电子线路和各种功能部件装置组成的物理实体，也叫作计算机机器系统。其基本组成如图 2-1 所示，一般包括微处理器、存储器（内存和外存）、I/O 接口、输入/输出设备和系统总线。

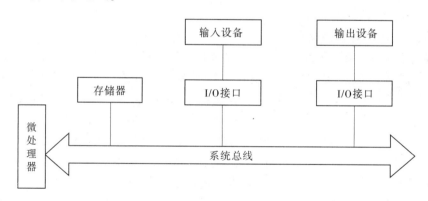

图 2-1　计算机硬件系统组成

1. 微处理器

微处理器是一个集成了中央处理器（CPU）的大规模集成电路芯片，内部包括运算器、控制器和寄存器组三个主要单元。运算器的功能是完成数据的算术运算和逻辑运算操作。控制器由指令指针寄存器、指令译码器和控制电路组成，它的功能是根据指令译码给出的操作，对微处理器的各单元发出相应的控制，使它们相互协调工作，从而完成整个微机系统的控制。寄存器组则是用来存放 CPU 频繁使用的数据和地址信息，从而加快 CPU 的访问速度。

2. 存储器

存储器是微机存放和记忆程序与数据的装置。它由许多存储单元构成，每个存储单元可以存放和记忆一个信息代码。为了方便对存储单元进行访问，所有的存储单元按顺序编号,此即存储单元地址。当 CPU 存取存储单元的内容时,首先提供存储单元的地址,存储器根据此地址可以访问存储单元,并进行信息的存取。内存是指位于主机内部用于暂时存放程序和数据的存储器,其特点是存储容量小,速度快。外存是指用于存放大量信息的存储器,其特点是存储容量大,存取速度慢。

3. 输入/输出设备和 I/O 接口

输入设备是将外界信息(如数据、程序和命令)送入计算机的装置,如键盘、鼠标、扫描仪、数字化仪、条码读入器等。输出设备则是将计算机运算处理结果信息,以人们熟悉的形式打印、显示出来的装置,如显示器、打印机、绘图仪等。而磁带、磁盘、光盘既可以输入信息又可以输出信息,称之为输入/输出设备。

外部设备与 CPU 相比,工作速度慢,信息处理多样,不同外设的工作时序不一致。因此,外设与 CPU 之间一般不能直接连接,而需要"接口电路"来作为外设与 CPU 之间的桥梁,这种接口电路称为 I/O 接口。

4. 系统总线

系统总线是计算机系统内各功能部件之间相互连接的总线,用来传送各部件之间需要交换的信息,从而使各主要部件相互配合,达到计算机的正常工作。系统总线按传送信息的类别,可分为数据总线、地址总线和控制总线。

数据总线是用来在各功能部件之间相互传送数据信息的一组双向传输线。它具有分时、共享的特点,即同一时刻只能允许一个设备的输出被送往数据总线,多个设备可以共同使用数据总线,CPU 既可以通过数据总线从内存或输入设备中输入数据,又可以通过数据总线将结果传给内存或输出设备。

地址总线是用来传送地址码信息的一组单向传输线,它只能把 CPU 访问外部单元的地址送往存储器或 I/O 接口。

控制总线是用来传送控制与状态信息的一组传输线,其中有的传输线是 CPU 向内存或外设发出的控制信号,有的传输线则是外设发送给 CPU 的状态信号。因此,控制总线中各条传输线有不同的作用,而且传送方向也不一样。

(二) 计算机软件

上面介绍了计算机的硬件知识,但光有硬件,计算机什么事情也干不了。要使计算机可以正常运行并解决各种问题,必须给它编制各种程序。为了运行、管理和维护计算机,以及把计算机应用到各类实际问题中而编制的各种程序的总和就称为软件。软件的种类很多,各种软件发展的目的都是扩大计算机的功能和方便用户,使用户编制各种源程序更为方便、简单和可靠。

从广义上讲,一般将以下三者的总和称之为软件:

- 程序:用程序设计语言表达计算机处理的一系列步骤。
- 文档:在软件开发过程中的计划、设计、制作、维护等文档资料。
- 使用说明:用户手册、操作手册、维护手册等。

软件可分为应用软件和系统软件两大类。

应用软件是计算机所有的应用程序的总称。一般分为公用(不分行业、业务)和专用(分行业、业务)两大类。常见的公用应用软件有数值处理软件、文字处理软件、人工智能软件、计算机辅助设计软件等,这些软件通常由计算机生产厂家提供,专用应用软件如专题信息系统等。

系统软件处于硬件与应用软件之间,具有计算机应用所需的通用功能,如数据处理与传输、通信控制、数据保护、系统故障检测等。系统软件可分为操作系统、语言编译系统、常用服务例行程序等。

二、计算机网络

从组成结构来讲,计算机网络是通过外围的设备和连线,将分布在相同或不同地域的多台计算机连接在一起所形成的集合。从应用的角度讲,只要将具有独立功能的多台计算机连接在一起,能够实现各计算机间信息的相互交换,并可共享计算机资源的系统便可称为网络。随着人们在半导体技术上不断取得更新更高的成就,计算机网络迅速地涉及计算机和通信两个领域。一方面通信网络为计算机之间数据的传输和交换提供了必要的手段,另一方面数字信号技术的发展已渗透到通信技术中,这提高了通信网络的各项性能。

计算机网络的最基本的功能是计算机与计算机之间、计算机与终端之间相互传输数据,实现数据、软件和硬件 3 种资源的共享。

(一)计算机网络的组成

计算机网络一般由服务器、工作站、外围设备和通信协议组成。

1. 服务器

服务器(server)是整个网络系统的核心,它为网络用户提供服务并管理整个网络。根据服务器担负网络功能的不同又可分为文件服务器、通信服务器、备份服务器、打印服务器等类型。

2. 工作站

工作站(workstation)是指连接到网络上的计算机。它不同于服务器,服务器可以为整个网络提供服务并管理整个网络,而工作站只是一个接入网络的设备,它的接入和离开对网络系统不会产生影响。在不同的网络中,工作站又被称为"结点"或"客户机"。

3. 外围设备

外围设备是连接服务器与工作站的一些连线或连接设备。常用的连线有同轴电缆、双绞线和光缆等;连接设备有网卡、调制器、集线器(HUB)、交换机等。

4. 通信协议

通信协议是指网络中通信各方事先约定的通信规则,可以理解为各计算机之间互相对话所使用的共同语言,如 TCP/IP 协议、IPX/SPX 协议、NetBEUI 协议。

(二)计算机网络的分类

计算机网络种类繁多,根据网络结构和性能的不同,可以有各种不同的分类方法,分成各种类型的计算机网络。

1. 按网络中主机的多少分类

按网络中主机的多少可把计算机网络分为单主机网络和多主机网络。单主机网络就是联机系统,也称为面向终端的计算机网络,这种网络以传输数据、收集和分配信息为主要目的。多主机网络,就是计算机到计算机的通信网络,简称计算机网络,这种网络由各自具备独立功能的计算机处理中心,通过通信线路相互连接起来,技术上较为复杂,是一种以共享资源为主要目的的网络。

2. 按信号交换方式的不同分类

按信号交换方式的不同,可以分为线路交换方式网络和存储交换方式网络。线路交换方式网络的数据通信是由交换机负责在计算机与终端或计算机之间建立一条信道,而不改变数据的形式。在完成线路接通后,双方通信的内容不受交换机干预。存储交换方式网络则是发端把发送的信息分成一份份文电或分组,先发往本地的交换机存储起来并做必要的处理,然后待通知收端的信道可以利用时,再将它们发至收端的交换机,最后由收端的交换机将先后收到的文电或分组,按原来的顺序恢复成完整的文电再传给收端。

3. 按网络的拓扑结构分类

拓扑是指网络中各种设备之间的连接形式。根据拓扑结构的不同,计算机网络一般可分为:总线型网络结构、星型网络结构和环型网络结构三种。

1) 总线型网络结构

总线型网络结构如图 2-2 所示,每一台工作站都共用一条通信线路(总线),如果其中一个结点发送了信息,该信息会通过总线传送到每一个结点上,属于广播方式的通信。每台工作站在接收到信息时,先分析该信息的目标地

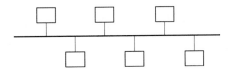

图 2-2 总线型网络结构

址是否与本地地址相一致,若一致则接收此信息,否则拒绝接收。总线型网络结构有以下几个特点:一是这种网络结构一般使用同轴电缆进行网络连接,不需要中间的连接设备,建网成本低;二是每一网段的两端都要安装终端电阻器;三是仅适用于连接较少的计算机(一般少于 20);四是网络的稳定性较差,任一结点出现故障将会导致整个网络的瘫痪;五是主要用于 10 Mb/s 的共享网络。

2) 星型网络结构

星型网络结构如图 2-3 所示,在星型网络中所有的工作站都直接连接到集线器(HUB)或交换机上,当一个工作站要传输数据到另一个工作站时,都要通过中心结点。这种网络结构有以下特点:一是 HUB 或交换机可以进行级连,但级连最多不能超过 4 级;二是工作站接入或退出网络时不会影响系统的正常工作;三是这种网络一般使用双绞线进行连接,符合现代综合布线的标准;四是这种网络结构可以满足多种带宽的要求,从 10 Mb/s、100 Mb/s 到 1 000 Mb/s。

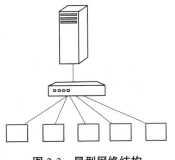

图 2-3 星型网络结构

3) 环型网络结构

环型网络结构如图 2-4 所示,它是将每一个工作站连接在一个封闭的环路中,一个信号依次通过所有的工作站,最后回到起始工作站。每个工作站会逐次接收到环路上传输过来的信息,并对此信息的目标地址进行比较,当与本地地址相同时,才决定接收该信息。

环型网络结构具有以下特点:一是每个工作站相当于一个中继站,接收到信息后会恢复信号原有的强度,并继续往下发送;二是在环路中新增用户较困难;三是网络可靠性较差,不易管理。环型网络在中小型局域网中很少使用。

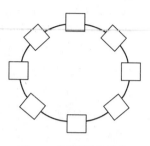

图 2-4　环型网络结构

4.按作用范围的大小分类

按照作用范围的大小,计算机网络可分为局域网(local area network,LAN)、城域网(metropolitan area network,MAN)和广域网(wide area network ,WAN)。

1)局域网

局域网的覆盖范围比较小,通常是同一建筑、同一大学或方圆几千米远区域内的专用网络。局域网通常使用这样一种传输技术,即用一条电缆连接所有的机器。传输速度可以达到数百兆比特/秒(Mb/s),传输延迟低,并且出错率低。局域网大多采用广播式网络,它仅有一条信道,由网络上所有机器共享,它可以有多种拓扑结构。

2)城域网

城域网通常覆盖一组临近的公司办公室或一个城市,通常使用与 LAN 相似的技术,但往往使用两条单向电缆,所有的计算机都连在上面。

3)广域网

广域网也叫远程网,是一种可跨越国家及地区的遍布全球的计算机网络。它由主机(host)和通信子网(communication subnet)的集合组成。子网是把数据从源主机传送到目的主机的通信线路和路由器(router)的集合。

当网络之间需要通信时,就需要连接不同的、往往互不兼容的网络,通常使用被称为网关(gateway)的机器来连接,并提供硬件和软件的转换,互联的网络集合被称为互联网。常见的互联网就是通过 WAN 连接起来的 LAN 集合。

(三)分布式网络模式

在信息系统开发与运行的网络环境中,先后出现三种模式,即主机/终端模式、C/S 分布式模式、B/S 模式。

1.主机/终端模式

主机/终端模式,是以主机为中心的计算环境,数据管理、事物处理高度集中,系统维护升级只涉及主机,管理成本低。但对主机的性能要求高,并浪费了作为终端的计算机的计算能力。它适用于大规模集中式应用,具有较高的效率和安全性。

2.Client/Server 结构(C/S 分布式模式)

Client/Server 结构,服务器只集中管理数据,计算任务分散在客户机上,客户机和服务器之间通过网络协议进行通信。客户机向服务器发出数据请求,服务器将数据传送给客户机进行计算,计算完毕,计算结果返回给服务器。这种结构充分利用了客户机的性能,初级成本低。但随着应用规模扩展,网络上异种资源类型的增多,开发、管理、维护的复杂程度加大,频繁的软硬件升级,后期成本骤升。它适合部门级应用。

3.Browser Server 结构(B/S 模式)

这种模式采用四层结构:浏览器、web 服务器、应用服务器、数据服务器,如图 2-5 所示。

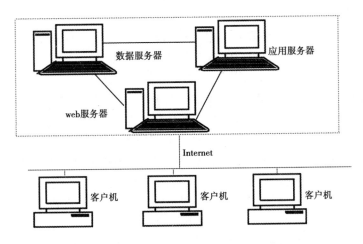

图 2-5　Browser/Server 结构

　　浏览器负责与用户交互,进行数据的显示;web 服务器完成客户的应用功能,也是应用服务器和数据服务器与客户机交互的连接通道;应用服务器负责应用处理过程和数据分析工作,数据服务器负责数据的存储和组织、数据的分布式管理、数据库的备份和同步等。在这种模式中,所有的数据和应用程序都放在 server 端,客户端只是提出请求,所有的响应都在 server 端完成,系统维护在 server 端进行,客户端无须任何维护,大大降低了系统的工作量。这种方式对前端的用户数目没有限制,可任意扩充,客户端只要有简单的浏览器即可获得信息,不需要其他任何应用软件,另外对网络也没有特殊要求。所以,对开发单位来说,会大大地节省成本。

第二节　数据库基础

一、数据库概述

(一) 数据库

　　数据库是以一定的组织方式存储在一起的相互关联的数据集合,它不仅存储数据本身,还存储数据之间的联系。它是在传统的文件系统的基础上发展起来的具有高度组织的数据库系统,是数据组织的高级形式。数据库中的数据不只面对某一项特定应用,而是面向多种应用,可以被多个用户、多个应用程序共享。由于数据库所管理的数据结构错综复杂,因此它必须根据一定的原则建立数据模型,并根据用户的需要,将各种各样的数据按照一定的数据模型组织起来,存储到计算机中。数据库具有较高的数据独立性,能为多种应用服务。数据库的主要组成部分如下:

　　(1)数据集:一个结构化的相关数据的集合体,包括数据本身和数据间的联系。数据集独立于应用程序而存在,是数据库的核心和管理对象。

　　(2)物理存储介质:指计算机的外存储器和内存储器。前者存储数据;后者存储操作系统和数据库管理系统,并有一定数量的缓冲区,用于数据处理,以减少内外存交换次数,提高数据存取效率。

（3）数据库软件：其核心是数据库管理系统。主要任务是对数据库进行管理和维护（DBMS），具有对数据进行定义、描述、操作和维护等功能，接受并完成用户程序和终端命令对数据库的请求，负责数据库的安全。

与传统文件系统相比，数据库具有更强的数据管理能力。它具有如下主要特点：

（1）数据集中控制。在文件管理中，文件是分散的，每个用户或每种处理都有各自的文件，这些文件之间一般是没有联系的，因此不能按照统一的方法来控制、维护和管理。而数据库则很好地克服了这一缺点，可以集中控制、维护和管理有关数据。

（2）数据独立。数据库中的数据独立于应用程序，它包括数据的物理独立性和逻辑独立性，给数据库的使用、调整、优化和进一步扩充提供了方便，提高了数据库应用系统的稳定性。

（3）数据共享与并发控制。数据库中的数据可以供多个用户使用，每个用户只与库中的一部分数据发生联系；用户数据可以重叠，用户可以同时存取数据而互不影响，大大提高了数据库的使用效率。

（4）减少数据冗余。数据库中的数据不是面向应用，而是面向系统。数据统一定义、组织和存储，集中管理，避免了不必要的数据冗余，也保证了数据的一致性和完整性。

（5）数据结构化。整个数据库按一定的结构形式构成，数据在记录内部和记录类型之间相互关联，用户可通过不同的路径存取数据。

（6）统一的数据保护功能。在多用户共享数据资源的情况下，对用户使用数据有严格的检查，对数据库规定密码或存取权限，拒绝非法用户进入数据库，以确保数据的安全性、一致性和完整性。

（二）数据库技术

数据库技术主要研究如何组织、存储、检索和维护数据，是计算机数据管理技术发展的最新阶段。数据库技术同其他计算机技术一样，也经历了一个由简单到复杂的不断完善的发展过程。数据库技术的主要目的是有效地管理和存取大量的数据资源，并提高数据共享性，使多个用户能同时存取数据库中的数据；减少数据冗余，以提高数据的一致性和完整性；使数据与应用程序相互独立，提高数据的安全性。

（三）数据库管理系统

数据库管理系统（database management system，DBMS）是处理数据库数据存取、使用、维护和各种管理控制的软件。它是数据库系统的核心，应用程序对数据库的操作全部通过 DBMS 进行。目前较为流行的数据库管理系统有：Informix、Oracle、Sybase、Access、Visual FoxPro 等。

数据库管理系统的主要组成包括：描述用户数据结构和设备介质的语言；使用和维护数据库的命令；用于数据库装配、重组、更新和恢复等的实用程序及数据库的运行控制程序等。数据库管理系统需要在操作系统的支持下工作，但它是独立于操作系统的一个系统软件分支。

数据库管理系统通常具有如下功能：

◆数据库定义功能。用数据库的数据描述语言 DDL 来定义概念模式、外模式和内模式,也就是说,具有给出数据库框架的功能。如定义数据库的逻辑结构、数据库的存储结构、定义数据项、建立记录类型、定义记录间的关系、指定安全控制要求等。

◆数据库管理功能。指对数据进行更新、存取等控制功能。通常提供有数据操作语言来作为用户和数据库之间的接口。常用的数据库管理功能,例如:从数据库中检索出满足条件的数据、向数据库中插入数据、删除数据、修改数据、进行控制操作(如并发控制)等。

◆数据库维护功能。数据入库需要维护,通常包括如下工作:

(1)改善系统的性能:及时掌握数据库的性能变化,性能下降时应进行干预,如对数据进行重新整理和组织。

(2)受损后的复原:一方面应能防止各种非法的数据库操作,另一方面当数据库受损后,应具有复原的手段。

(3)用户管理:对用户应统一管理,分配使用权限,防止非法使用。

(4)拓宽数据库用户的要求:根据用户要求,修改数据模式,根据新模式重新组织数据。

◆通信功能:应具有与操作系统、各种编程语言及与其他数据库通信的能力。

二、实体模型与数据模型

信息系统所处理的数据是对客观存在的事物的反映,这里主要介绍人们如何将现实中的事物抽象到计算机所能存储的数据形式。

(一)实体模型

1. 实体、属性和关键字

(1)实体(entity)。实体是现实世界中人们所关心的任何事物。它可以是人、事物或抽象事物。例如:一个学生、一个部门等属于客观事物;一次考试、一次借阅图书等属于抽象事物。不同的客观事物具有不同的特征,如:人有姓名、性别、出生年月等特征;设备有外形尺寸、型号、规格、质量等。即称这个客观事物为"实体"。同一类实体的集合称为实体集。例如,全体学生的集合、全馆图书的集合等。用命名的实体型表示实体集所代表的群体,比如,实体型"学生"表示全体在校学生,并非表示一个具体的学生,每个学生是学生实体型的一个具体"值"。在数据模型中的实体均表示实体型。以后在不致引起混淆的情况下,一般说实体即是实体型。

(2)属性(attribute)。客观事物具有许多不同的特征,一般把描述一个事物特征的数据元素称为实体的"属性"。例如,"学生"实体用若干个属性(学号、姓名、性别、出生日期、籍贯)来描述。属性的具体取值称为属性值,用以表示一个具体的实体,如属性值(1001、李明、男、10/11/90,山东)表示一个具体的人。

(3)关键字。如果某个属性或属性组合的值能够唯一标识出实体集中的每一个实体,以区别于其他的实体,称此属性为"关键字"。例如,在"学生"实体中,每个学生有一个"学号"以区别其他人,所以"学号"可作为关键字,由于可能出现重名学生,所以"姓名"不能作为关键字。

2. 实体模型(entity-relationship,E-R)

实体集之间是有联系的,它反映现实世界事物之间的相互关联,一般用 E-R 模型(实体模型),即 E-R 图来描述客观世界的事物相互间的联系。实体模型由实体、属性和联系三者构成。一般用 E-R 模型来构造数据库的概念模型,是管理者设计数据库的实用工具。

在 E-R 图中,实体型用矩形框表示,框内标注实体名称。属性用椭圆形表示,用连接线与实体连接。实体之间的联系用菱形框表示,框内标注联系名称,并用连接线将菱形框分别与有关实体相连,并在连接线上注明联系类型($1:1,1:n,m:n$)。

实体集之间的对应关系称为实体之间的联系,实体之间的联系类型指一个实体型集合中的每一个实体与另一个实体型集合中的多少个实体存在联系,其联系类型有三种。

(1)一对一的联系。这是最简单的一种实体之间的联系,它表示两个实体集中的个体间存在的一对一的联系。记为 $1:1$。例如,现有"公司"和"总经理"两个实体,一个公司只能有一个总经理,一个总经理只能为一家公司服务,则"公司"和"总经理"两个实体之间存在一对一的联系,如图 2-6 所示。

图 2-6　一对一的联系

(2)一对多的联系。这是实体间存在的较普遍的一种联系,表示一种实体集 E_1 中的每个实体与另一实体集 E_2 中的多个实体间存在着联系;反之,E_2 中的每个实体都至多与 E_1 中的一个实体发生联系。记为 $1:m$。例如,现有"学生"和"班级"两个实体,一个班级可以有多个学生,而一个学生只能在一个班级学习,则"班级"与"学生"实体存在一对多的联系,如图 2-7 所示。

图 2-7　一对多的联系

(3)多对多的联系。这是实体间存在的最普遍的一种联系,表示多个实体集之间的多对多的联系。其中,一个实体集中的任何一个实体与另一个实体集中的实体间存在一对多的联系;反之亦然。记为 $m:n$。例如,现有"学生"和"课程"两个实体,一个学生可以选修多门课程,一门课程可以有多名学生选修,则"学生"和"课程"两个实体之间存在多对多的联系,"成绩"是"学生"和"课程"共有的属性,如图 2-8 所示。

图 2-8　多对多的联系

以上介绍的仅仅是两个实体之间的联系,每个实体的属性在图上均没有画出,对于多个实体间的联系,可以通过分解为少数实体之间的联系进行描述。

例如,用 E-R 图描述实体"学生""系""教师"之间的联系,如图 2-9 所示。

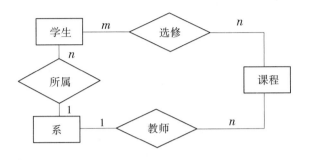

图 2-9　三个实体间的联系

一个系可能有多名学生,但一个学生只能属于一个系。一个系可能有多名教师,但一个教师只能在一个系工作。一个教师可以教多名学生,而一名学生可以由多名教师讲课。

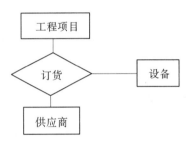

图 2-10　三个实体多对多的联系

图 2-10 表示"工程项目""供应商""设备"三者的联系:一个工程项目可由多个供应商提供多种设备;一个供应商可为多个工程项目提供多种设备的订货;一个设备可以由多个供应商提供给不同的工程项目使用。

(二) 数据模型

将客观世界的事物抽象为用 E-R 图描述的实体模型之后,并不能立即存入计算机,还需将其进一步表示为便于计算机处理的数据模型。

数据模型是数据库系统中关于数据和联系的逻辑组织表达式,它反映了数据库中数据的整体逻辑组织,它包括了数据库的数据结构、操作集合和完整性规则集合。数据库中数据内容的描述及数据之间的联系都是通过数据模型来实现的,数据库选择何种数据模型,取决于问题的性质和所要表达的实体之间的联系方式。

以图 2-11 为例,说明目前普遍使用的三种数据模型。

1. 层次模型

从数据结构的观点看,层次模型采用的是树数据结构,因此它具有树数据结构的一系列优点,表达的数据关系是一对多的方式,模型的记录都处于一定的层次上。层次模型实现的方法之一是把层次模型中的记录按照先上后下、先左后右的次序排列,得到记录序列层次序列码。由层次序列码指出层次路径,并按层次路径存储和查找记录。

层次模型的优点是结构清晰、易理解;缺点是冗余度大,不适于表示数据的拓扑结构,图 2-11 的层次模型如图 2-12 所示。

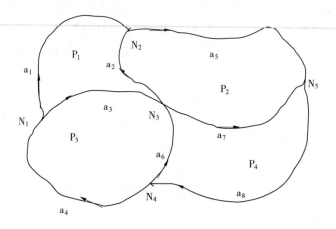

图 2-11 地块图

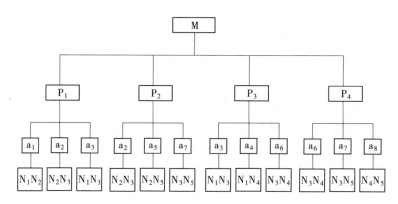

图 2-12 地块图数据的层次模型

2. 网络模型

网络模型采用图数据结构,它具有图数据结构的一系列特点,表达的数据关系是多对多且数据间具有显式的连接关系,但没有明显的层次关系。网络模型同层次模型相比,其优点是大大地压缩了数据量,便于表达复杂的拓扑关系;其缺点是数据间的联系要通过指针表示,而指针数据项的存在,使数据量大大增加,并且在修改数据时,指针也必须随之变化。这就使得网络数据库中指针的建立和维护十分重要,从而增加了数据库管理的难度。图 2-11 的网络模型如图 2-13 所示。

3. 关系模型

关系模型采用线性表数据结构,它把数据的逻辑结构归结为满足一定条件的二维表,这种表称为关系。一个实体由若干关系组成,关系表的集合就构成了关系模型。

关系模型的优点是数据结构简单、清晰,能够直接处理多对多的关系,可用布尔逻辑和数学运算对数据进行查询,数据独立性强,便于数据集成,便于对数据进行操作,因此它是当前数据库中最常用的数据模型。图 2-11 的关系模型如图 2-14 所示。

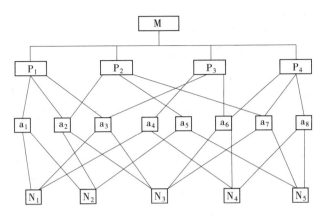

图 2-13　地块图数据的网络模型

多边形的弧关系	
多边形号	弧号
P_1	a_1, a_2, a_3
P_2	a_2, a_5, a_7
P_3	a_3, a_6, a_4
P_4	a_6, a_7, a_8

弧段的结点关系		
弧段号	起点	终点
a_1	N_1	N_2
a_2	N_3	N_2
a_3	N_1	N_3
a_4	N_4	N_1
a_5	N_2	N_5
a_6	N_4	N_3
a_7	N_3	N_5
a_8	N_5	N_4

图 2-14　地块图的关系模型

　　在建立关系模型图时,还可建立其他诸如结点号与坐标之间的关系,关系结构是建立在严格的数学理论基础之上的,其最大的特色是描述的一致性,并且可以通过关系之间的连接运算建立新的联系。

　　4. 面向对象数据模型

　　以上是传统的三种数据模型,新发展起来的面向对象(object-oriented)的数据模型起源于面向对象的程序设计语言,同传统数据模型相比,它具有表示和构造复杂对象的能力,具有继承和类层次技术,系统具有很大的扩充能力,它的重要特征是可以模型化真实世界的静态特征,是未来数据模型的发展方向。

　　关系数据库管理系统是现在最流行的商用数据库管理系统,然而关系模型在效率、数据语义、模型扩充、程序交互和目标标识方面都还存在一些问题,特别是在处理空间数据库所涉及的复杂目标方面,显得难以适应。例如:

- 难以表达复杂地理实体;
- 难以实现快速查询和复杂的空间分析;
- 难以实现真三维空间模型和时空模型;
- 系统难以扩充。

　　现在的 GIS 软件仅是属性数据采用关系模型,而图形数据采用拓扑结构。一个有发展前景的模型是面向对象数据模型,它既可以表达图形数据,又可以有效地表达属性数据。

　　面向对象数据模型吸取了传统模型的优点,利用几种数据抽象技术:分类、概括、联合、聚集和数据抽象工具继承和传播,采用对象联系图描述其模型的实现方法,使得复杂的客观事物变得清楚易懂,所以它能有效地既表达几何数据,又表达属性数据,是集图形、图像、属性数据于一体的整体空间数据模型。如图 2-15 所示,这种数据模型能较好地处理复杂目标、地物分类及信息继承等问题。

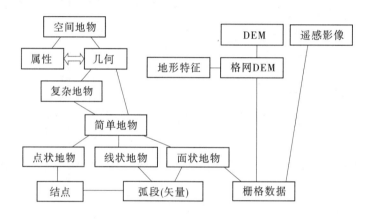

图 2-15　面向对象的数据模型

三、数据库结构及设计

(一)数据库结构

　　数据库的结构通常分为三个层次,称为三级数据库。其中每一级数据库都有一个框架,亦称为结构,或称为模型。每级都必须能够用数据描述语言给出精确定义,这种定义称为模式。三级模式是概念模式、存储模式和外部模式(见图 2-16)。

　　(1)概念模式。概念模式是数据库的整体逻辑描述,体现全局、整体级的数据观点,也可以简单地称为总框架。它包括对数据库的所有数据项类型和记录类型及它们之间逻辑关系的总描述。至于这些数据如何加以组织并存储到物理数据库中,则由存储模式来规定。

　　(2)存储模式。存储模式是三级模式的最内层,称为内模式。它是数据库数据的内部表示或低层描述,即对数据库的物理描述,是物理设备上实际存储的数据集合。它规定数据在存储介质上的物理组织方式、记录寻址(定位)技术、定义物理存储块的大小、溢出

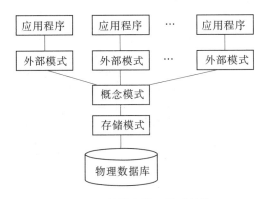

图 2-16 数据库的三模式结构

处理方法等,与概念模式相对应。它包含数据库中按一定的文件组织方法组织起来的一个个物理文件及其全部的存储数据。

(3)外部模式。外部模式是概念模式的一部分,也称为子模式。它是数据库用户的数据视图,描述用户数据的结构、类型、长度等,是数据库的局部逻辑结构,也可以说是用户使用的逻辑数据库,所以也称它为外部数据库。用户通过外部数据库存取数据。所有的应用程序都是根据外部模式中对数据的描述而编写的。在一个外部模式中可以编写多个应用程序,但一个应用程序只能对应一个外部模式。根据应用的不同,一个概念模式可以对应多个外部模式,外部模式可以相互覆盖。

数据库系统的三级模式结构将数据库的全局逻辑结构同用户的局部逻辑结构和物理存储结构区分开来,给数据库的组织和使用带来了方便。不同的用户可以有各自的数据视图,所有用户的数据视图集中在一起统一组织,消除冗余数据,得到全局数据视图。用存储描述语言来定义和描述全局数据视图的数据,并将数据存储在物理介质上。这中间进行了两次映射。一次是外部模式与概念模式之间的映射,定义了它们之间的对应关系,保证了数据的逻辑独立性;另一次是概念模式与存储模式之间的映射,定义了数据的逻辑结构和物理存储之间的对应关系,使全局逻辑数据独立于物理数据,保证了数据的物理独立性。

(二)数据库设计

数据库的逻辑模式的设计,实际上是在特定的数据库管理系统下建立整个系统数据库全局逻辑结构的过程,它包括根据概念模式设计出基本数据库、表。根据用户对数据的处理要求及管理需求,定义用户对数据的存取文件等内容。用户利用应用程序,对数据库的存取可以通过全局逻辑式基础上建立的外部模式来实现。外部模式一般由基本数据库、表及在此基础上建立的一些视图(view)构成,它们之间的关系如图 2-17 所示。视图可以是由一个或几个基本表导出,如 V2 是由 B3、B4 两个基本表导出的表,"应用 1"通过对视图的基本表的存取完成数据处理的功能。

数据库的设计应从实际的管理需求出发,按照用户对数据处理的要求,考虑到系统的运行效率、可靠性、可修改性、灵活性、通用性和实用性等各个方面,主要完成以下设计内容。

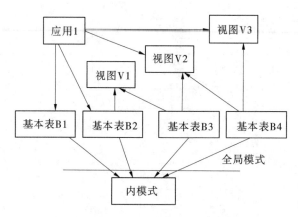

图 2-17　用户存取数据库示意图

1. 用户权限的设计

每一个用户规定出其能够对哪些数据库、哪些记录进行什么样的操作,并将这些定义写进用户权限表中。当一个用户登录进入系统后,该系统即按照这个权限表进行相应的数据库存取操作。

2. 索引文件的设计

为了提高检索效率,可考虑建立索引文件。索引文件的查找方式采用折半查找法,其检索效率要比顺序查找法高,但要占有一定的存储空间,为此可根据实际的管理需求建立适当的索引文件。

3. 中间文件或临时文件的设计

为实现某些数据处理功能,常常需要建立一个中间文件或临时文件。这些文件被使用完后没有保留的价值。因为它的基础数据已经存放在数据库中,它们只是为实现功能的方便而产生的,并且注意使用完后及时将它们删除,以免过多地占用存储空间。

4. 视图的设计

视图是由一个或若干个表导出的表。一般来说,在数据库管理系统中,视图不以表的形式存在,只保留导出的定义,但在使用过程中却可以与表一样进行各种操作。因此,设计一些视图可以大大地方便系统各项功能的实现。

第三节　地理信息系统

一、地理信息系统概念

地理信息系统(geographic information systen system,GIS)是由计算机硬件、软件和不同的方法组成的系统,该系统设计支持空间数据的采集、管理、处理、分析建模和显示,以便解决复杂的规划和管理问题。一方面,地理信息系统是一门学科,是描述、存储、分析和输出空间信息的理论和方法的一门交叉学科,融合了地图学、地理学、人工智能与专家系统、摄影测量与遥感、卫星定位技术、通信技术等学科知识;另一方面,地理信息系统是一个技术系统,是以地理空间数据库为基础,采用地理模型分析方法,适时提供多种空间的动态的地理信息,为地理研究和领导决策服务的计算机技术系统。

地理信息系统与其他信息系统的主要区别在于其存储和处理的信息是经过地理编码的,地理位置及与该位置有关的地物属性信息成为信息检索的重要部分。在地理信息系统中,现实世界被表达成一系列的地理要素和地理现象,这些地理特征至少由空间位置参考信息和非位置信息两个部分组成。

地理信息系统具有以下三个方面的特征:

(1)具有采集、管理、分析和输出多种地理信息的能力,具有空间性和动态性。

(2)由计算机系统支持进行空间地理数据管理,并由计算机程序模拟常规的或专门的地理分析方法,作用于空间数据,产生有用信息,完成人工难以完成的任务。

(3)计算机系统的支持是地理信息系统的重要特征,因而使得地理信息系统能快速、精确、综合地对复杂的地理信息进行空间定位和过程动态分析。

地理信息系统的外观,表现为计算机软、硬件系统,其内涵却是由计算机程序和地理数据组织而成的地理空间信息模型。当具有一定地学知识的用户使用地理信息系统时,所面对的数据不再是毫无意义的,而是把客观世界抽象为模型化的空间数据,用户可以按应用的目的观测这个现实世界模型的各个方面的内容,取得自然过程的分析和预测的信息,用于管理和决策,这就是地理信息系统的意义。

二、GIS 的发展历程

地理信息系统是建立在计算机科学、测绘科学共同发展的基础之上的。随着计算机的发展,到 20 世纪 60 年代出现了世界上第一个地理信息系统,它是在 1963 年由加拿大测量学家 Tomlison 提出并建立的,主要用于自然资源的管理与规划。稍后,美国哈佛大学研究出了 SYMAP 软件,但由于当时的计算机水平不高、存储量小、存取速度慢等,使 GIS 带有机助制图的色彩,空间的分析功能极为简单。

计算机软件和硬件的进一步发展为空间数据的输入、存储、检索和输出提供了强有力的手段,高性能图形显示器的发展,增强了人机对话和高质量图形显示功能,使 GIS 系统朝着实用的方向发展。到 20 世纪 70 年代,欧美等发达国家先后出现了针对于地质方面的专题地理信息系统,成立了各种 GIS 实验室,市场上也出现了 GIS 软件。

到 20 世纪 80 年代,随着科技的发展,GIS 的软、硬件投资大大降低而系统能力明显提高,使得 GIS 的应用迅速普及。GIS 已经应用到土地农业利用、城市发展规划、环境资源评估等方面。随着 GIS 与卫星遥感技术(RS)的结合,GIS 被用于诸如全球沙漠化、厄尔尼诺现象、酸雨等全球变化与全球监测领域的研究中。

进入 20 世纪 90 年代,GIS 随着计算机的发展而成为 21 世纪的支柱产业。GIS 已经渗透到了各个领域,被广泛地应用于地理学、工程学、森林学、城乡规划、测绘科学及矿床地质等各个领域。

在未来的几十年内,GIS 将向着数据标准化(Interoperable GIS)、数据多维化(3D&4D GIS)、系统集成化(Component GIS)、系统智能化(Cyber GIS)、平台网络化(Web GIS)和应用社会化(数字地球 DE)的方向发展。

我国的地理信息系统产生于 20 世纪 70 年代,但发展速度却非常迅猛,已成为城市规划、设施管理和工程建设的重要工具,同时进入到军事战略分析、商业策划、移动通信、文化教育乃至人们的日常生活当中,其社会地位发生了明显的变化。先后建成了 1∶100 万国土基础信息系统,1∶400 万全国资源和环境信息系统,1∶250 万水土保持信息系统,并且成功地开发出洪水灾情分析与预报系统、黄土高原信息系统,对我国国民经济的发展起到了重大的推动作用。

三、GIS 的类型

GIS 的分类方法有很多种,可以从各个角度来给 GIS 分类,甚至同一种分类方法不同的学者和学派也会划分为不同的类型。GIS 常见的分类如下。

(一)工具型 GIS 与应用型 GIS

根据 GIS 的功能,GIS 可分为工具型和应用型两种。

1. 工具型 GIS

工具型 GIS 也称为 GIS 工具、GIS 开发平台、GIS 外壳、GIS 基础软件等,没有具体的应用目标,通常为一组具有 GIS 功能的软件包,是建立应用型 GIS 的支撑软件。如 ARC/INFO、MapInfo 等。工具型 GIS 是 GIS 研究和开发的核心内容。工具型 GIS 是一组具有图形图像数字化、数据管理、查询检索、分析运算和制图输出等 GIS 基本功能的软件包,通常能适应不同的硬件条件,软件的功能强、性能稳定。只要在工具型 GIS 中加入地理空间数据,开发有关的应用模型和界面,就可成为一个应用型的 GIS。

2. 应用型 GIS

应用型 GIS 具有具体的应用目标、一定的规模、特定的服务对象、特定的数据和用户。通常,应用型 GIS 是在工具型 GIS 的支持下建立起来的。

在通用的 GIS 工具(GIS 基础软件)支持下建立应用型 GIS,可节省大量的软件开发费用,缩短系统的建立周期,提高系统的技术水平,使开发人员能把精力集中于应用模型的开发,且有利于标准化的实行。

(二)专题 GIS 与综合 GIS

根据研究对象的性质和内容,可以把应用型 GIS 分为专题 GIS 和综合 GIS。

1. 专题 GIS

专题 GIS 指以某一专业、任务或对象为目标而建立的地理信息系统,这种系统中数据项的内容及操作功能的设计都是为某一特定专业服务的。其数据量和所涉及的范围相对较小,功能也比较单一,具有有限的目标和明确的专业特点。例如地下管线信息系统、矿产资源信息系统、公路工程施工管理信息系统、森林动态监测信息系统等。

2. 综合 GIS

综合 GIS 以区域综合研究和全面的信息服务为目标,可以有不同的规模,如国家级、省级、县级等,为不同行政级别行政区服务的信息系统,也可以按自然分区或流域为单位的区域信息系统。综合 GIS 的例子如加拿大国家信息系统、我国自然环境综合信息系统、黄河流域信息系统等。

四、GIS 的构成

从计算机科学角度看,地理信息系统主要由计算机硬件系统、计算机软件系统、地理数据和用户四大要素组成的问答系统,如图 2-18 所示。

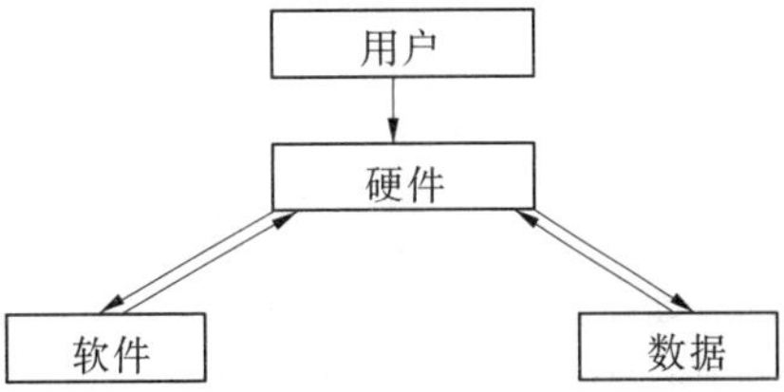

图 2-18　计算机科学意义上的信息系统

(一) 硬件系统

硬件系统是地理信息系统的基本设备,地理信息系统必然是在一定的硬件上运行的。地理信息系统的硬件通常包括计算机、输入设备和输出设备。计算机可以是工作站,也可以是微机。地理空间数据的处理、存储、分析等任务都是在计算机上完成的;输入设备,如数字化仪、扫描仪等,担负着地理信息系统数据的输入工作,如地图的扫描数字化等;输出设备,如屏幕、打印机、绘图机等,担负着地理空间数据的输出任务,如输出报表、地图等。

(二) 系统软件

系统软件是地理信息系统的核心,是支持数据等信息的采集、存储、加工、再现和回答用户问题的计算机程序系统。对于 GIS 应用而言,通常包括两个系统软件。

1. 计算机系统软件

由计算机厂家提供的、为用户使用计算机提供方便的程序系统,通常包括操作系统、汇编程序、编译程序、诊断程序、库程序及各种维护使用手册、程序说明等,是 GIS 日常工作所必需的。

2. 地理信息系统软件

地理信息系统软件用于支持对空间数据输入、存储、转换、输出和与用户的接口。GIS 软件功能结构一般由五大部分组成,即空间数据输入管理、空间数据管理、空间数据处理分析、空间数据输出管理及应用模型,其基本关系如图 2-19 所示。

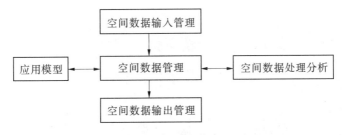

图 2-19　地理信息系统软件的模块及其关系

在通常情况下,一个实用的、有具体应用目的的地理信息系统软件是在通用的工具型地理信息系统软件(亦称为地理信息系统基础软件)的基础上开发的。地理信息系统基础软件是一种具有地理信息系统基本功能,经过严格测试的商品化软件。在地理信息系统基础软件的基础上开发实用型地理信息系统软件,可大大地节省人力、物力和财力。

(三) 数据

数据包括空间数据和属性数据。数据是地理信息系统的血液。如果输入 GIS 的数据是"垃圾",输出的结果也必将是"垃圾",不会因为昂贵的设备和高级的技术人才而改变数据的质量。地理信息系统需要有完备的基础地理信息作支撑,同时应对数据进行及时更新。

(四)用户

用户是地理信息系统所服务的对象,是系统的重要构成因素。GIS 不是一幅地图,而是一个动态的地理模型,需要人进行系统组织、管理维护和数据更新,并灵活采用地理分析模型提取多种信息,为研究和决策服务。随着地理信息系统技术的进一步发展,对用户的素质要求会有所降低,但仍必须具备计算机、地学等领域的基本知识和技能。

五、地理信息系统的功能

地理信息系统的核心是空间数据管理子系统,它由空间数据处理和空间数据分析构成。空间数据的主要来源有专题地图、遥感图像数据、统计数据及实测数据等。地理信息系统具有六大功能:数据的提取、转换和编辑,数据重构和数据转换,数据存储与组织,空间数据的查询和检索,空间分析,以及成果输出。

1.数据的提取、转换和编辑

对所感兴趣的因子进行数量化的描述即为数据提取,也就是把图形数据和描述它的属性数据通过各种数字化设备将各种已存在的地图数字化,或者通过通信或读磁盘、磁带方式录入遥感数据和其他已存在的数据,或者依赖于全球定位系统(GPS)获取数据,还包括以适当的方式录入各种统计的数据、野外调查数据和仪器记录的数据。

数据转换是地理信息系统的一个重要功能,它提供了一种与其他各种软件进行数据转换的接口,从而增强了 GIS 空间数据获取的能力。如 MapInfo 软件提供了 dxf 文件的标准交换格式,甚至包括不独立于系统的一些数据格式。

由于提取的各种空间数据不管是实地测量的、室内数字化和扫描的数据,还是空间数据或属性数据,都存在着不完善和错误。因此,GIS 提供有空间数据(点、线、面)的编辑功能。

2.数据重构和数据转换

空间数据重构包括空间数据或属性数据结构的改变,多指矢量数据结构与栅格数据结构之间的转换。空间数据转换包括比例尺的缩放、旋转平移和转换;属性数据的转换包括线性和非线性函数的转换。

3.数据存储与组织

GIS 中的数据分为栅格数据和矢量数据两大类,如何在计算机中有效存储和管理这两类数据是 GIS 的基本问题。在计算机高速发展的今天,尽管微机的硬盘容量已达到 GB 级,但计算机的存储器对灵活、高效地处理地图对象仍是不够的。GIS 的数据存储却有其独特之处。大多数的 GIS 系统中采用了分层技术,即根据地图的某些特征,把它分成若干层,整幅地图是所有层叠加的结果。在与用户的交换过程只涉及层,而不是整幅地图,因而能够对用户的要求做出快速反应。

在地理数据组织与管理中,最为关键的是如何将空间数据与属性数据融为一体。目前大多数系统都是将二者分开存储,通过公共项(地物标识码)来连接。这种组织方式的缺点是数据的定义与数据操作相分离,无法有效地记录地物在时间域上的变化属性。

4. 空间数据的查询和检索

GIS 提供了功能强大的查询和检索功能,包括从空间位置检索空间物体及其属性和从属性条件检索空间物体。一方面如何有效地从地理信息系统数据库中检索出所需信息,将影响地理信息系统的分析能力。另外,空间物体的图形表达也是空间检索的重要部分。

5. 空间分析

空间分析是 GIS 得以广泛应用的重要原因之一。通过 GIS 提供的空间分析功能,用户可以从已知的空间数据中得出隐含的重要结论,这对于许多应用领域是至关重要的。

GIS 的空间分析分为两大类:矢量数据空间分析和栅格数据空间分析。矢量数据空间分析通常包括:空间数据查询和属性分析,多边形的重新分类、边界消除与合并,点与线、点与多边形、线与多边形、多边形与多边形的叠加,缓冲区分析,网络分析,面运算,目标集统计分析。栅格数据空间分析功能通常包括:记录分析、叠加分析、滤波分析、扩展领域操作、区域操作、统计分析。

6. 成果输出

将用户查询的结果或者数据分析的结果以合适的形式输出是 GIS 操作的最后一道工序。成果输出包括统计报表、表格、图件等,输出形式通常有两种:在计算机屏幕上显示或通过输出设备输出。对于一些对输出精度要求较高的应用领域,高质量的输出功能对 GIS 是必不可少的。这方面的技术主要包括数据校正、编辑、图形整饰、误差消除、坐标变换和出版印刷等。

六、GIS 数据库

在地理信息系统中,地理基础是指地图上的各个主要要素,包括水系、地貌、交通、居民地、境界及土质植被等,是地理信息系统专题内容所依附的基础,为了把大量反映地理特征的空间数据和属性数据存储到计算机中,并对其进行算术和逻辑的操作,就必须使用数据库管理系统。

由于地理信息系统自身的特点,决定了地理信息系统数据库既要遵循和应用通用数据库原理和方法来解决,又要考虑自己的特点,采用特殊的技术和方法。

(一)GIS 数据库的特点

1. 数据库的复杂性

地理数据库比常规数据库复杂得多,这首先就反映在地理数据的种类繁多,从数据类型上分为空间位置数据和属性数据;从数据结构上分为矢量数据结构和栅格数据结构。其次就表现在数据之间关系的复杂性上,在地理数据库中空间位置数据和属性数据之间既相互独立又密切相关,不可分割,从而大大地增加了地理数据库建立和管理的难度。

2. 数据库处理的多样性

对于常规数据库而言,其处理功能主要是查询检索和统计分析,处理结构的表示以表格形式及部分统计图为主。而在地理信息系统中,其查询检索必须同时涉及属性数据和空间位置数据,更重要的是利用空间数据和属性数据进行查询、检索和统计时,必须考虑一些算法和模型。

3. 数据量大

地理信息系统中所描述的各种地理要素,尤其是空间位置数据,数据量往往十分庞大,再加上空间数据记录长度的多变性,要想获得高速数据存储和运算,必须选择合理的算法和数据结构及编码方法,用于提高数据库的工作效率。

(二) GIS 数据库的管理

数据库的组织和管理是地理信息系统的核心问题,它直接影响着地理信息系统数据库的工作效率和用户的使用。

数据模型是描述数据内容和数据之间联系的工具,是数据库管理的基础。由于地理信息系统数据库涉及图形数据和属性数据的组织管理,因此选择单一的数据模型,很难理想地实现对空间数据的操作和管理,尤其是无法处理具有复杂目标的空间数据。所以,通用关系数据系统作为地理信息系统的数据库管理系统,其管理空间和属性数据的功能并不理想。但由于这些数据库系统的通用性强,数据的定义、运算和更新功能比较强大,目前仍采用通用关系数据系统作为地理信息系统的技术支持。目前,地理信息系统中常用的数据库管理方法有以下几种。

1. 基于关系型数据库和文件系统结合的管理方法

采用这种方法的地理信息系统中,分别用两个子系统管理空间数据和属性数据,属性数据存储在关系型数据库中,空间数据存储在文件系统中。在分析处理目标时分别访问两个子系统,再把它们结合起来得出结论。这种系统的缺点是数据的完整性差,查询操作难以优化;由于它基于关系型数据库,所以其优点是结构简单、通用性强。常采用下述两种方法连接两个子系统。

1) 标识码连接法

在标识码连接法中,属性数据和空间数据两个子系统之间,通过建立的标识码来连接,具体如图 2-20 所示。

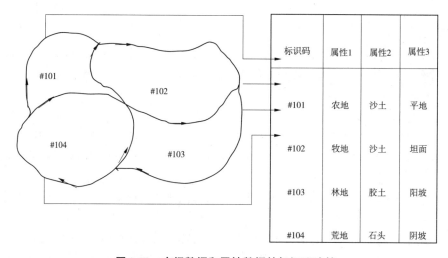

图 2-20　空间数据和属性数据的标识码连接

2）指针表连接法

这种方法通过建立自定义指针表,记录空间数据和属性数据的相关索引,对涉及的空间数据和非空间数据的操作都通过指针来实现,例如要删除一个目标,首先要从空间数据库中删除该目标,然后从指针表中找到对应此目标的属性数据库的指针,根据指针再删除其他属性值。

2. 以关系型数据库为核心引入面向对象机制

关系数据模型以记录为中心,因此难以表达和处理复杂的空间地理实体,难以实现快速查询和复杂的空间分析。另外,关系模型也具有部分面向对象的特征。对象的类型通过表格体现,一个记录表示一个对象,对象的状态由属性来描述。目前使用的通用关系数据通过允许过程语言直接调用 SQL 语言等手段,使之可以引入面向对象机制,以适于地理信息系统的存储和管理。

在关系数据库中引入面向对象机制的另一种方法是修改现有关系型数据库系统,使之支持面向对象,从而提供通用的数据环境,形成对象-关系数据库系统。

3. 建立全新的面向对象的数据库管理系统

它使用全新的面向对象模型,直接操作空间数据和属性数据,实现空间数据和属性数据的完全统一的管理。由于面向对象的数据模型、查询方式、查询语言都没有统一的定义,因此它的研究涉及数据模型、查询语言、索引技术、查询优化和处理技术、系统结构、用户界面等。可以说,更实用的地理信息系统的空间数据库管理系统还有待进一步研究发展。

当今 GIS 发展的趋势是采用关系数据库或对象关系数据库管理空间数据（GIS 数据）,这种方法能充分利用关系数据库或对象关系数据库管理系统的功能,使空间数据与非空间数据实现一体化的无缝集成,可以采用扩展的 SQL 进行数据查询与检索,解决海量数据管理和数据操作的并发控制问题,实现真正的 client/server 模式,使 GIS 与其他信息系统集成,并逐步融入 IT 的主流中。目前采用关系数据库管理空间数据的商业 GIS 软件已经有多种,如 ESRI 的 SDE、Oracle 的 Spatial Cartridge（或最新的 Oracle Spatial）、Intergraph 的 Geomedia、MapInfo 的 SpatialWare,ESRI 在已有的 SDE 基础上,又将推出基于 access 数据库的 pensonal SDE,这为基于关系或对象关系数据库的 GIS 系统开发提供了软件基础。另外,以解决空间数据互操作为目标的 openGIS 规范的发展,为各种商业 GIS 软件开发商提供一个共同遵循的标准和规范,许多 GIS 软件开发商都是 OpenGIS 联盟（OpenGIS consortium,OGC）的成员,如 ESRI、Intergraph、MapInfo、Oracle 等。目前 OGC 已提出了基于 COBRA（common object request broker architecture）、COM 和 SQL 的 OpenGIS 简单特征实现规范（OpenGIS implementation specification）,为 GIS 应用系统的开发提供了方便。

第四节　系统集成技术

现代软件的开发,不应该一切从头开始,而应该大量采用成熟的技术、产品和控件,充分发挥它们的优势,将它们有效结合,以完成系统的开发,这就是系统集成。这种方式避免了重复、低级的开发,减少了系统研制时间和成本,提高了开发效率,是目前国际上最流行的软件二次开发方式。

一、系统集成概念

系统集成分为硬件集成和软件集成,硬件集成比较直观,看得见、摸得着,属于计算机硬件的范畴,本节的系统集成指软件集成。有些人认为,系统集成是应用程序相互调用的过程,这种说法只看到表面现象,缺乏彻底性、概括性和科学性。从本质上讲,集成是应用程序间相互操纵的一种技术,是不同语言、不同功能应用程序的相互整体交流(调用应用程序的平台)或部分交流(功能调用)及其产生的叠加效应,它相当于一台由各种部件组装起来的复杂机器。集成的思想就是指:借用其他软件的功能,完成控制器(客户器)不能或难以完成的工作。

一个应用程序开发者想在其程序中实现图像处理、字处理等功能,需要花费大量的劳动,而且难以保证软件的质量。如果采用系统集成的思想,在成熟软件中选择其需要的产品,将其集成到自己的应用软件中,就能使自己的软件也具有相应的功能。如采用了 GIS 组件可以实现对空间数据的处理与操作,调用 excel 电子表格可以实现数据的报表功能。这种方法大大地提高了软件的开发效率,避免了巨大的重复劳动。目前需要使用集成技术的地方很多,有时同一套软件内(比如工程数据库和图形软件间的动态数据交换)也需要使用系统集成技术。系统集成可用图 2-21 表示。

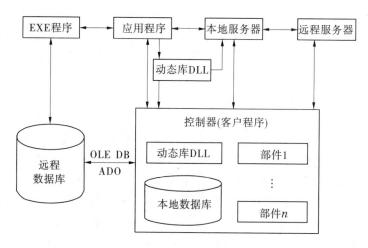

图 2-21　系统集成技术

二、系统集成方法

系统集成技术大都是以 COM 为基础的,计算机技术的发展,使系统集成技术的发展越来越普遍,常用的方法有以下几种。

1.命令调用方法

这是一种简单利用子进程机制的集成手段,所谓子进程就是在另一环境下运行的应用程序,当它运行完后,就回到调用它的父进程中,同时交还控制权。图 2-20 中的 EXE 程序和客户程序中的部件属于这种集成方式,它对控制器不产生直接的效应,但集成速度较其他集成方式要快得多。

2. 动态链接库方法

动态链接库(dynamic link library, DLL)是实现模块化应用程序设计的一种方法,在 Windows 中,DLL 就是包含有数据和函数的模块,它可以使应用程序功能的升级和重复利用更方便,减少内存的占用。使用一个 DDL 时,需要知道它的内部处理过程以及该过程中所包括的多个参数。可以用两种方式将堆栈上参数传递到 DLL,即通过数值或参数。DLL 的优点之一就是用一种开发工具创建的 DLL 可以被其他开发工具编写的应用程序调用,这种集成是当今开发 Windows 应用程序不可缺少的一种方式。

3. 动态数据交换方法

动态数据交换(dynamic data exchange, DDE)是 Windows 提供的一种程序通信规程,它能保证两个 Windows 程序间顺利地进行实时动态的数据交流,是全球公认的工业标准。DDE 对话双方分别用 DDE 客户(DDE client)和 DDE 服务器(DDE server)表示。

4. OLE automation 方法

OLE(object link embedded)是一种应用程序的编程接口,也是一种工业标准,意为对象的链接与嵌入。用户可以利用 OLE 定义的一系列函数把高级对象的链接和嵌入功能加入到自己的程序中,从而实现应用系统的集成。OLE 自动化(OLE automation)是 Windows 应用程序之间相互操纵的一种技巧,它是目前广泛采用的集成技术,随着各种编程语言的不断升级,OLE automation 技术已逐渐纳入到各种开发平台中,这将为应用程序的相互集成创造良好的环境。这种集成方式分为两种:静态和动态,静态是在设计时将服务器的类库导入客户器,这种方式占用内存小。动态是利用服务器的 OLE 功能以对象方式访问服务器的功能,由于服务器必须在后台运转,所以内存花销较大。

5. 对象连接和嵌入客户控制(OCX)

对象连接和嵌入客户控制(OCX)是 OLE 自动化对象,它起源于 VB 的 VBX 控制,但是基于 32 位环境的,且其技术基础是 OLE2.0,其使用对象主要是桌面系统。

6. 自带功能

自带功能包括内部函数、DLL 和各种控件(OCX)等,现今几乎所有的开发平台均提供了这一方法,如 visual interdev、visual basic(简称 VB)等的 OLE 绑定型控件、C++builder 的 OLE container 等,这种集成采用了方便的积木式方法,无需复杂的编程,但不够灵活,难以得到特定的功能。随着开发语言的不断完善,自带功能将会解决通常难以完成的工作,如 MapInfo 中 geotrack 的数据提取,visual basic 中的 MSComm.ocx 通信控件等。从这个意义上来看,这一方法具有巨大的发展潜力。

7. ActiveX 控件方法

ActiveX 也是 OLE 自动化对象,是微软倡导的网络化多媒体对象技术。它是对原 OCX 的改进,使之体积更小,更加灵活,便于在网络上传输。为了统一,微软把这种在 Internet 上使用的控件与 OCX 一起统称 ActiveX 控件,并且把所有建立在 COM 和 OLE 基础上的技术统称为 ActiveX 技术。ActiveX 控件除了具有 OLE 自动化对象的特征之外,还具有一些面向用户的特性,如实地激活且不用合并菜单和工具条,还可利用包含控件属性的属性页在设计阶段而不是只在运行阶段来设置控件属性。另外,ActiveX 几乎不含界面,因此非常灵活。ActiveX 控件的特点在于它封装了服务器的功能(如 MapInfo 公司的 MapX、Arc/Info 的 MapObject、方正智绘的 MirageX 等),大大地减少了占用的空间,降低了应用程序开发的复杂度。

三、GIS 和 MIS 的集成

传统的管理信息系统(MIS)偏向使用一般的数据库管理系统,着重对非空间属性数据的存储、检索、维护等管理,且多以文字的形式表示数据,最多也是附加一些统计分析图表,忽略了数据与地理信息的关系。而实际上,与人们日常生活和工作有关的信息中80%以上具有地理属性,因此很多工作又要借助 GIS 工具进行数据分析,提供辅助决策。管理信息系统如果仅实现辅助办公及相关事物的非空间属性数据的管理已不能满足需要,而专业的 GIS 基础软件因其功能的完善而过于庞大,并且其数据库管理功能及办公自动化的实现不如专业的 MIS。因此,对于一些重在数据管理,而又需要一些地图显示及空间数据分析的应用系统,如公路工程管理信息系统、管线管理信息系统、地籍管理信息系统等,单独选择二者之一是不行的,必须有效集成两个系统,实现 MIS 与 GIS 的融合与统一。

(一) MIS 集成 GIS 的方法

目前,国内外很多著名的软件厂商都推出了一些优秀的 GIS 工具软件,这些系统各有特点。但是由于各个 GIS 的研究开发还没有完全统一的可共同遵循的标准,其开发平台均采用专门设计的开发语言,各种软件都有自己的不同侧重面。因此,要集成这些 GIS 系统到其他信息系统中,需要针对特定的产品,采用不同的方法。

把 GIS 集成到另外一个系统中,通常有以下几种方法。

1. 通过 OLE 自动化集成

应用程序可以用 OLE automation 把它们的对象提供给支持它们的开发工具和相应的应用程序中。通过 OLE,可以创建和操作被其他应用程序支持的对象而无须启动这些应用程序。通过 OLE,两个应用程序可以连续地和自动地交换数据。

OLE 是应用程序之间交换数据和相互操纵的一种方式。这种技术最重要的优势在于操作应用程序对象,而不是面向应用程序,能真正实现 GIS 与 MIS 的无缝集成;其缺点是运行时占用较大的内存。

2. 基于动态链接库的集成

基于动态链接库的技术,实质上就是在用户层和 GIS 系统之间增加一个透明层,使用户可以通过一个公共界面进行操作,但对 GIS 系统的驱动仍然由 GIS 系统提供的 DLL 来完成。GIS 系统的功能由这些 DLL 来实现,应用程序所要做的就是建立和断开与 GIS 系统的连接。

3. 基于组件的集成

基于组件的集成就是运用组件对象模型技术,在应用程序中调用 GIS 厂商提供的功能组件。这些组件之间的接口由 COM 来管理,应用程序只需要对这些组件对象进行操作,不需要更深入地涉及组件内部是如何实现的。

(二)几种 GIS 软件的集成方法

1. 运用 OLE 集成 MapInfo professional

MapInfo professional 是 MapInfo 公司强力推荐的桌面地理信息系统平台。虽然其地理分析的功能相对较弱,但适用于普通大众用户,具有相当数量的用户群。MapInfo 可以通过 OLE 自动化、DDE、DLL 三种方式与其他应用程序进行集成或通信。

在二次开发上,虽然 MapInfo 提供了 MapBasic 二次开发语言,但是开发出来的应用程序是基于 MapInfo profession 本身的,不能使用其他语言开发出更美观的界面。因此,MapBasic 的应用不是很多,大部分基于 MapInfo professional 的二次开发是采用 OLE 的方法,将 MapInfo professional 集成到自己的应用程序内部,而主界面采用自己的。例如,可以在 visual basic form 中创建 MapInfo 窗口,而看起来好像 VB 界面的一部分。如果需要在用户应用程序中(如 MIS 中)加入一点制图功能,这无疑是一种比较好的解决方法。

1)连接 MapInfo professional

为了能够将 MapInfo professional 的界面集成到自己的应用程序中去,必须采用一些特殊的 MapBasic 语句。另外,对于不同的 MapInfo professional 窗口,如数据子窗口、对话框窗口、浮动窗口等,MapBasic 提供了不同的集成方法。

(1)建立 OLE 链接。

在 microsoft visual basic 中,要与 MapInfo professional 建立 OLE 连接有以下两步:

●给工程添加 MapInfo professional 类型库的引用。

●创建全局对象变量。使用 DIM 语句建立一个模块级全局对象变量,然后用 CreateObject 函数把 MapInfo professional 对象装入变量中。

(2)集成 MapInfo professional 界面。

在建立了 OLE 连接以后,需要将 MapInfo professional 的对话框和错误消息集成到自己的系统界面下,此时应使用 MapBasic 语句 set application Window。

在 MapInfo professional 中,窗口大致可以分为两种,即数据窗口和浮动窗口。前者包括地图窗口(map)、图形窗口(graph)、浏览窗口(browse)和布局窗口(layout),后者主要有信息窗口(info)、标尺窗口(ruler)、消息窗口(message)和统计窗口(statistics)。对于不同的窗口,MapInfo professional 有不同的集成方法:

●用 set next document 语句集成数据窗口。

每执行一次 set next document 语句,一个新的窗口就会被创建。此时,可以使用 WindowID(0)函数来获取新窗口的句柄。

在集成了地图窗口以后,服务器应用程序就可以不再处理诸如关闭、重画等消息,MapInfo professional 会自动完成这些。

●用 set Window 语句集成浮动窗口。

由于浮动窗口与数据窗口不一样,因为每一个 MapInfo professional 实例只会拥有一个浮动窗口,而数据窗口则可能有很多个。在集成时,只需要使用 set Window 语句即可。

对于图例窗口,集成的方法则更有所不同。通常,每个 MapInfo professional 用户界面只有一个图例窗口,但它却可以使用 create legend 语句来创建一个附加的图例窗口。

（3）集成 MapInfo professional 工具栏。

在使用 OLE 时，服务器程序不能将 MapInfo professional 的工具栏集成到自己的界面上，但是可以使用其他方法来模拟 MapInfo professional 的工具栏。

如果想让自己应用程序中创建的工具栏按钮产生一个与 MapInfo professional 工具栏相同的响应，则可以使用 MapBasic 的 run menu command 语句，也可以使用 MapInfo 对象的 run menu command 方法。

2）控制 MapInfo professional

（1）给 MapInfo professional 发送命令。

在成功地加载 MapInfo professional 以后，就可以建立 MapBasic 语句字符串文本。

使用 do 方法就相当于在 MapInfo professional 的 MapBasic 子窗口中输入命令。因此，使用 do 方法所发送的命令只能是在 MapBasic 子窗口中能够执行的语句。通常，MapBasic 的控制语句（如 for…next and goto）在 MapBasic 子窗口中是不允许的。

（2）从 MapInfo professional 中查询数据。

为了能得到 MapBasic 表达式的值，可以先建立一个表达式的字符串，然后使用 eval 方法来获取相应变量的值。当使用 eval 方法时，MapInfo professional 会返回一个字符串来表示此表达式的值。如果此表达式返回逻辑值，MapInfo professional 则以 "T" 和 "F" 来表示。

（3）允许用户调整地图窗口的大小。

如果将地图窗口重载到一个可以调整大小的窗体上，MapInfo professional 允许用户调整窗口的大小，但它并不自动刷新显示的内容，此时需要用到 Window API 函数 MoveWindow。

（4）获取 MapInfo professional 运行错误。

当 MapInfo professional 运行发送的命令时，或许会产生错误，如 map from world 命令会在没有打开 world 表时产生错误。当错误发生时，MapInfo professional 会产生一个错误代号。

在 visual basic 中，on error 语句可以实现错误的捕获。确定错误的类别时，使用 LastErrorCode 和 LastErrorMessage 属性。错误代号值大于 1000，因此 MapBasic 中那些小于 1000 的错误发生时，系统会将此错误代号自动加上 1000。对于错误的描述，可参见 Error. doc 文件。

3）使用 MapInfo professional 的 callback

通常都是自己的系统向 MapInfo professional 发送命令，让 MapInfo professional 来完成某种功能，而 callback 命令则允许 MapInfo professional 向自己的系统发送信息。

callback 方法具体应用在以下几种情况中：

* 当用户选择了系统为 MapInfo professional 自定义的菜单项时。
* 当用户使用了系统为 MapInfo professional 自定义的工具时。
* 当地图窗口中的内容方式改变时。
* 当 MapInfo professional 的状态栏上内容方式改变时。

在自定义菜单和工具的处理过程中，可以理解 MapInfo professional 所传递信息的格式：

"MI:X1,Y1,SHIFT,CTRL,X2,Y2,BUTTONID,MENUID"

其中,"MI:"表示此信息源于 MapInfo professional;"X1,Y1"为鼠标按下点的坐标;"SHIFT"为 SHIFT 键的状态(T 或 F);"CTRL"为 CTRL 键的状态(T 或 F);"X2,Y2"为鼠标松开点的坐标,对于只需单击的工具则不包含此项;"BUTTONID"为自定义工具的唯一标识;"MENUID"为自定义菜单的唯一标识。

在分离各项时,可以把以上信息作为字符串来处理,也可以使用 MapBasic 函数 CommandInfo。

如果在 callback 的类中定义了 SetStatusText 函数,MapInfo professional 将发送一个用以描述其状态栏信息的字符串。如果需要模拟它的状态栏则可以在此函数中添加代码,从而将此信息显示到自己应用程序的任何位置。

如果在 callback 的类中定义了 WindowContentChanged 函数,MapInfo professional 将发送一个表示窗口句柄的整型数值。如果需要对窗口内容改变进行响应的话,可以在此函数中添加代码进行实现。例如要模拟实现 MapInfo professional 中的"前一视图"的功能,则需要记录下窗口内容改变以前的比例尺,此值就可以在此函数中获取。

2. 使用动态链接库 DLL 集成 ArcView

ArcView 使用 avenue 作为开发工具,这是一种面向对象的编程语言。avenue 既可以用来构建专门的 GIS 应用系统,也可以作为 ArcView 与其他应用程序的集成的工具。ArcView 支持在外部应用程序中使用 DLL,可以通过编写 avenue 脚本来调用一个或多个 DLL 用于执行 ArcView 中的脚本。在访问一个 DLL 时,必须熟悉函数名称、它的返回值类型和参数。下面是访问一个 DLL 的步骤:

(1)装载 DLL,在下面的语句中一个名为 Mydll 的动态链接库被装载:Mydll. Make ("mydll", AsFileName)。

(2)定义 DLL 中的函数。在下面的代码段中,remove-blanks 是 mydll 中的一个函数,用于返回一个 32 字节的整数,而且用两个字符串在它的参数列表中。

MyDLLFunc = DLLProc. Make(myDLL,"remove-blanks)

#DLLPROC-TYPE-INT32,{#DLLPROC-TYPE-STR,#DLLPROC-TYPE-STR}

(3)调用函数。通过把 avexec32. b 或 avexec16. b 头文件包含到代码中而且与 avexec32. lib 或 avexec16. lib 相连接后,就可以在 DLL 中运行 avenue 脚本。

3. 运用 COM 集成 MapObjects

1)MapObjects 的特点

MapObjects 是由全球最大的 GIS 厂商 ESRI 推出的 ActiveX 地图控件,包含 30 多个 OLE 自动化目标。可以用于工业标准编程环境,如 VB、VC、Delphi、PB 等。

MapObjects 可以注册到开发环境中,再利用编程语言调用其对象和方法,从而实现 GIS 功能。下面是利用 MapObjects 建立应用系统的优点:

(1)利用 OCX 比较容易开发应用程序,这样主要的开发队伍可以是规划、工程、森林或制图方面的专家,而不一定是软件工程师。

(2)MapObjects 仅消耗系统内存的很小一部分。

(3)MapObjects 的绘图速度将比大多数其他基于 Windows 的制图软件都快。

（4）利用 MapObjects 可以很灵活地构建自己的用户界面。

（5）MapObjects 更重要的一个特征是地图可以是程序中的附属品,也可以是程序的核心内容,因此特别适合在多种领域中应用。

2）MapObjects 与 VB 集成开发 MIS 的步骤

（1）安装 MapObjects。

（2）启动 VB,将 MapObjects 引用到系统中。

（3）通过使用地图控件属性(map control properties)窗口或通过对 MapObjects 中的 data connection(数据连接)及 MapLayer(地图层)编程加入地图数据。

（4）可以加入其他控制,并编写代码来调用 MapObjects 中地图控制的特征、事件和方法。

（5）通过编写程序并经测试和编译生成运行程序就可以交给终端用户使用。

3）MapObjects 与 MIS 集成的特点

（1）实现了 GIS 与 MIS 的真正无缝连接。

（2）原 MIS 中的数据或表项可以直接被 GIS 利用而无需做任何改变。

（3）通过使用 MapObjects internet map sever(ESRI IMS)可以很方便地将 MIS 中的数据连同地图一起发布到因特网上。

4. 运用 COM 集成 MapInfo MapX

MapX 是 MapInfo 公司推出的地理信息系统组件,是一组以 Map 对象为核心的对象组。它使用与 MapInfo professional 一致的地图数据格式,通过调用 MapX 属性和方法,可以编程实现 MapInfo 的绝大多数功能。MapX 具有很强的数据绑定能力。在 VB 中,可以和 DataControl 绑定,也可通过 ODBC 绑定,实现数据库的数据与 MapX 中 MapInfo 地图的连接,使得地图对象与关系数据库中的数据项相对应。通过绑定,可以将数据库中的数据制成专题地图,或在图上查询数据,或通过 SQL 语句实现对地图的查询等。

与 MapObjects 相似,MapX 由 ActiveX 控件和 OLE 自动化构成,在 MIS 开发环境中可以编程调用 MapX 控件。

第三章　工程测量信息系统

20 世纪 90 年代以来,随着电子测量仪器、通信技术和计算机技术的发展,工程测量数据采集和数据处理正在逐步实现自动化、数字化、智能化,作业模式从分离式走向整体化。测量工作者为了更好地使用和管理工程测量信息,需要研究建立各种工程测量信息系统。工程测量信息系统是采集、存储、处理、管理和应用工程测量信息的系统。工程测量技术、GIS 技术、计算机技术和通信技术是工程测量信息系统的技术基础。工程测量在技术手段上有三角测量、水准测量、导线测量、GPS 测量等,在实施环节上有数据采集、数据处理、数据管理、数据应用等。GIS 技术为工程测量信息的可视化管理提供了地图平台。以通信技术、计算机技术为核心的信息技术是联系工程测量各个环节的纽带,它大大地缩短了测量环节间的时空距离,加强了数据间的联系,为工程测量数据库的集成应用提供了可能。它们之间的有机联系构成工程测量信息系统的运行模式。

工程测量信息是指人们从事工程测量活动所获得的测量数据、处理成果及相关资料,它们属于空间位置信息,是国民经济建设、国防建设不可缺少的基础资料。工程测量信息系统的建立将为工程测量内外业一体化的管理提供一个可视化的平台,极大地提高工作效率,对实现工程测量自动化和提高快速测绘保障能力具有重大意义。

工程测量信息系统已经引起各国工程测量学术界的重视。目前我国在工程测量信息系统方面也进行了一些研究,并有实用软件出现,如大坝变形监测信息系统、矿山测量信息系统、海洋测量信息系统、道路测量信息系统、工业测量与分析系统等,为工程测量成果的管理和应用于其他系统创造了条件。

第一节　工程测量内外业一体化

长期以来,由于生产能力、生产工具和信息传输等技术的落后,工程测量的生产过程都是以时空距离划分的分工序、分阶段过程,人工干预多,作业周期长。但是,从信息科学的观点来看,工程测量的生产过程其实为一信息过程,自成一整体。自 20 世纪 90 年代以来,随着测量技术、通信技术的发展和计算机技术的广泛应用,这种一体化的实现成为可能。于是诞生了工程测量内外业一体化(简称工程测量一体化)的思想和模式。

一、一体化的概念及其发展阶段

科学技术的发展和生产力的进步,把人们所处的世界推进信息时代。工程测量的生产模式也毫不例外要适应这一变化。所谓工程测量的内外业一体化,可以这样理解:在生产过程中,摆脱数据在一系列变换过程中的人工干预,使工程测量外业数据采集、内业成果计算和管理统一在一个系统内,并且对资料信息进行深加工,做出科学解释与管理,进行数字专用图生产,建立各种信息管理系统等。所以,工程测量一体化过程实质上是一个不断获取信息和处理信息的过程,从信息科学的观点出发,可把工程测量一体化过程描述为由信息采集、信息传递、信息处理与管理所组成的信息过程,如图 3-1 所示。

图 3-1　工程测量的内外业一体化

从技术角度看,工程测量要实现一体化,必须集测量技术、通信技术和计算机技术于一体。目前,现代测量仪器已经与计算机技术融合,这表明现代测量技术正向信息化和自动化过渡;电子计算机技术在工程测量中的核心作用正不断推动着测量过程的变革与进步;现代通信技术在测量过程中的应用,可以使工程测量野外作业、内业计算与管理及应用项目间的时空距离趋于零,从而实现内外业与管理过程间的双向控制,它预示着工程测量模式的重大变革。

从测量模式的变化情况看,工程测量一体化的发展大致经过如图 3-2 所示的几个阶段。

图 3-2　测量模式的发展情况

在图 3-2 中,"程序化阶段"是以首次应用电子计算机为标志的。在内业计算中,测量电算程序代替了繁杂的手工计算工作,从而大大地提高了计算的效率。

在"系统化阶段",各类计算机已全面应用于测量过程的各个环节。计算机的小型化使野外作业中出现了电子手簿,这表明测量仪器在技术上已经与计算机技术混合在一起;计算机内存的扩大、速度的提高使内业计算中出现了各类软件包,从而使计算项目系统化;随着通用数据库技术的成熟,在工程测量成果管理中也出现了各类数据库系统。

由于计算机成了内外业和数据管理工作的共同硬件平台,这使人们很自然地提出"内外业一体化"概念。在"一体化"阶段,面向工程项目的一体化系统应运而生。如"靶场快速联测系统""大比例尺数字测图系统""坝体自动监测系统"等。在这些系统中,已看不出传统内外业工序的边界,整个过程都在计算机系统中完成,业务主管部门从全局出发对系统进行管理,把分散的面向某一环节的系统变成相互内聚的整体化系统。

工程测量学是现代测绘科学与技术的重要组成部分,工程测量的一体化将促进测绘工程一体化的进程。

二、工程测量仪器向自动化方向发展

工程测量的代表仪器堪称全站仪,它是电子经纬仪和测距仪的集成。全站仪不仅具有电子测角和电子测距的功能,而且具有自动记录、存储和运算能力,有很高的作业效率。目前各厂家都推出了各种新型的全站仪,可以看出它的发展趋势是:马达驱动、照准目标自动化、测量软件机内操作、测量数据存储量大和操作菜单本地化(如中文菜单提示)。全站仪无棱镜合作目标测距和视频全站仪实现动态目标测量也是全站仪发展的一个方向。

工程测量专用高精度定向仪器——陀螺经纬仪在自动化观测方法上有了较大进步。采用电子计时法,定向精度从±20″提高到±4″。新型陀螺经纬仪由微处理器控制,可以自动观测陀螺连续摆,并能补偿外部干扰,因此时间短精度高,例如德国 DMT 生产的 Gyromat 2000 陀螺经纬仪只需 9 min 观测就能获得±3 ″的精度。目前,陀螺经纬仪正向激光陀螺定向发展。

高程测量仪器,以条码标尺为配合目标的数字水准仪实现了高程测量的自动化。例如,Leica NA3000 和 Topcon DL101 全自动数字式水准仪和条码水准标尺,利用图像匹配原理实现自动读取视线高和距离,测量精度达到每千米往返测标准差为 0.4 mm,测量速度比常规水准测量快 30%。Zeiss、SOKKIA 等公司也相继推出了各自的数字水准仪。

另外,GPS 技术、摄影测量和遥感技术在工程测量中的应用也为工程测量一体化的发展提供了广阔的前景。

三、工程测量计算机的快速发展

工程测量一体化所使用的计算机类型主要有两类:一类是内业数据处理及管理用机,另一类是外业数据采集和预处理用机。内业用机主要是档次稍高一点的台式机或工作站,在此不做介绍。由于常规工程测量外业的特殊性,外业用计算机主要是袖珍计算机、掌上电脑或便携式计算机。

1. 袖珍计算机的应用情况

日本夏普公司生产的 PC-1500 是第一代袖珍计算机,它是在 20 世纪 80 年代初微机还没有普遍进入中国市场,其他国家的袖珍机也没有兴起的特定情况下所唯一选定的产品。PC-1500 在测绘、地质、石油、地震、水利、气象、部队等部门的拥有量最多,发挥作用的时间前后有十几年之长,这在袖珍计算机、微机的应用历史上恐怕是绝无仅有的。

由于夏普公司在 20 世纪 80 年代末淘汰了 PC-1500 的生产线,在 1990~1995 年的 6年时间里,许多测量单位都先后选择了同样是日本夏普公司生产的 PC-E500 袖珍计算机来替代 PC-1500。但 PC-E500 存在一些不足,如:非 DOS 操作系统,不是当今微机发展的主流产品,功能较单一等。

2. 掌上电脑的情况

在测绘领域,由于数字化生产和内外业一体化的需要,早就出现了外业测量电子手簿。早期的电子手簿采用 PC-1500 和 PC-E500 为平台,但这两种机型采用专门的控制系统,需要专用的语言编程,只能算是高级的计算器,还称不上掌上电脑。后来,惠普公司推出了采用 DOS 操作系统的掌上电脑 HP200/HP200LX,与 PC 机的 DOS 操作系统完全兼容,可用 C 语言或 Basic 语言编写程序,该机型很快被应用于测绘行业,对外业测量电子手簿的发展是一次重大的促进。这期间,在 PC 机领域悄悄进行了一场革命,就是图形界面操作系统 Windows 全面替代了命令行操作系统 DOS,其形象直观、操作简单。这一革新迅速波及到了掌上电脑领域。近年来,国内外许多计算机制造商相继推出了多种型号的掌上电脑,其性能不断提高,价格不断下降,其体积小,质量轻,可放入口袋;CPU 主频已达 200 MHz 以上,速度快,功能强;存储空间大,RAM 普遍在 8 M、16 M 以上;具有 CF

或 PCMCIA 卡插槽,可进行功能扩展或内存扩展;带有串行口、红外接口及 USB 接口,通信能力强;采用 Windows CE 操作系统,可视性好,易操作。凭借这些优点,掌上电脑正在或即将服务于工程、工业、商业等多种行业。目前已有测量仪器公司推出了带掌上电脑的测量仪器,如将掌上电脑用作 GPS 接收机的控制器,还有与全站仪结合的,称为"智能型"全站仪,实现了数据采集与图形编辑一体化,可实时在屏幕上展绘图形,还能实现数据格式的转化,直接被成图软件识别,从而大大地减轻了测图内外业的工作量。表 3-1 中列出了这几种外业数据采集平台的基本性能。

表 3-1　外业数据采集平台的发展和性能比较

项目	PC-E500	HP200LX	康柏 iPAQH3650
CPU 时钟		7.91 MHz	206 MHz
显示屏	4×4 LCD	80×25 LCD CGA 兼容	240×320 TFT 液晶
RAM	32 K	1 M 或 2 M	32 M
操作系统	专用系统	MS DOS 5.0 下	Windows CE 3.0
外存	非标准 RAM 卡	2.0 版 PCMCIA 卡	PCMCIA 卡和 CF 卡
尺寸(cm×cm×cm)	20.0×10.0×1.4	16×8.64×2.54	13×8.3×1.6
质量	250 g(含电池)	312 g(含电池)	179 g(含电池)

在测绘行业中,掌上电脑充当的角色已不再是简单的外业电子手簿,而是可以作为数据自动采集、处理、分析和管理的平台。由于 DOS 操作系统的掌上电脑已经停产,下面所指为具有 Windows CE 操作系统的掌上电脑。

掌上电脑,根据外形又细分为两种,即掌上电脑和手持电脑。它们功能相似,只是外形上有所差别,简单地说,就是手持电脑是"横"的,有键盘(见图 3-3);掌上电脑是"竖"的,无键盘(靠笔输入或软键盘)(见图 3-4)。为方便起见,本书将它们统称为掌上电脑。

图 3-3　手持电脑　　　　　　　　　　图 3-4　掌上电脑

目前,国外一些著名计算机制造商如 Palm、IBM、HP、Compaq、Casio 等都已推出了掌上电脑产品。其中,根据所用的操作系统来分,主要分为两种:一种是基于 Palm 公司的掌上电脑,操作系统为 Palm OS,如 Palm、IBM 等公司的产品;另一种是基于微软公司的掌上电脑,操作系统为 Windows CE,如 HP、Compaq 等公司的产品。Windows CE 虽然推出的比 Palm OS 晚,但由于微软公司实力雄厚,又有众多硬件合作伙伴的支持,自从 Windows CE 3.0 版本发布以来,使得 Windows CE 逐渐占据了优势,尤其是在中国国内市场,Windows CE 占据了大部分掌上电脑的市场份额。国内的联想、海信、金长城等公司也先后推出了掌上电脑,采用的操作系统基本上都是 Windows CE。

四、工程测量数据的通信

工程测量一体化除要解决测量仪器和计算机问题外,也需要解决测量数据传输问题。随着通信技术的成熟,数据传输也变得越来越容易。它主要包括设备的硬件连接和软件连接两种技术。

对设备的硬件连接来说,就是通过通信电缆实现设备连接。目前市场上有现成的通信电缆出售,不同类型的全站仪用不同接头的电缆。全站仪与电子手簿的连接电缆用三线交叉连接法,而电子手簿与计算机的连接有三线制式,也有七线制式。同时,软件连接也是实现正常通信的重要环节,它负责约定双方通信参数,控制读取数据,字符截取转换,有效数据存储等。

影响设备间数据通信的因素很多,包括硬件连接、全站仪设置、软件驱动、操作顺序等,但掌握了通信原理,熟悉软件控制,通信中遇到的故障将会迎刃而解。

21 世纪是数字化和信息化的时代,科学技术的突飞猛进促进了工程测量学的极大发展。它不再是单一的学科,而是与许多学科相互渗透、相互补充、相互促进的。可以预见,随着测量技术、通信技术、计算机技术等的发展,工程测量将逐步实现测量、处理、分析、管理和应用的一体化、网络化,生产过程将从分离式走向整体化。

第二节　工程测量信息的采集与通信

在工程测量信息系统中,数据的采集是一项基础性工作。目前采集方法一般采用测量专用仪器(经纬仪、水准仪、全站仪、GPS)现场观测,通过通信电缆传输,进入工程测量信息数据库。本节主要介绍利用测量仪器进行数据采集和联机通信的知识。

一、异步串行通信的基本概念

各种电子测量仪器,如测距仪、电子经纬仪、全站仪、GPS 接收机等,它们与计算机的通信基本上都是串行通信的方式。在串行通信方式中,又分为两种:同步通信和异步通信。同步通信对硬件要求高,要有时钟控制来实现发送端和接收端的同步,故一般测量设备的数据传输采用异步串行通信的方式。

异步串行通信用一个起始位表示字符的开始,用停止位来表示一个字符的结束。一帧数据如图 3-5 所示。

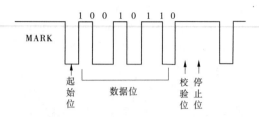

图 3-5　异步串行通信一帧数据示意图

通信参数:

(1)波特率。波特率即每秒传送的位数,是数据传输速率的反映。可用下例来理解波特率的概念。如数据传输的速率为 120 字符/s。而每个字符含 10 位(包括起始位、数据位、校验位和停止位等),则波特率为 10×120 = 1 200 波特。同样如波特率为 9 600,那么数据传输的速率大约为 960 字符/s。

(2)数据位。数据位指组成一个单向传送字符所使用的位数,数字的代码一般使用 ASCII 码。因此,数据位一般是 7 位或 8 位。

(3)校验位。校验位也叫奇偶性校验位,是检查传输数据是否正确的一种方法,通过检测所有高电平的总数来检核数据是否正确。通常有:

None:无,不检查奇偶性。

Even:偶校验,如果所有高电平总是偶数,则校验位为 0;反之所有高电平总是奇数,则校验位为 1。

Odd:奇校验,如果所有高电平总是奇数,则校验位为 0;反之所有高电平总是偶数,则校验位为 1。

Mark:标记,校验位总为 1。

Space:空,校验位总为 0。

(4)停止位。停止位指处于最后一个数据位或校验位之后,用来表示该字符的结束,其宽度通常为 1、1.5、2。

(5)终止符。发送器在发送一个数据块之后,还要传送一个数据块结束的标识符,通常为 CR 回车或 CR/LF 回车换行。

(6)通信协议。如果两个设备间传输多个数据块,要求接收设备能控制数据传输。如接收设备能接收和处理更多的数据,则通知发送器继续发送数据;若不能,则发送器就终止发送数据。因此,双方之间需要有通信协议。通信协议一般有:软件回答(XON/XOFF)、硬件回答、无回答方式。

二、串行通信接口 RS-232-C

RS-232-C 是 EIA(electronics industries association)于 1969 年所发表的串行通信标准接口(RS:recommended standard;232:识别编号;C:版本),这个标准适用于数据终端设备(DTE,例如:屏幕、打印机)与数据通信设备(DCE,例如 MODEM)的通信。RS-232-C 标准的最初制定是为了促进使用公共电话网络进行数据通信,如今在测量领域中得到了广泛的应用。图 3-6 是测量仪器与 PC 机的连接图。

图 3-6　测量仪器与 PC 机的连接

由图 3-6 可知,测量仪器和 PC 机都为 DTE,而根据 RS-232-C 的定义,它所连接的是 DTE 和 DCE,因此两个串口之间需用调制解调器相连,而且调制解调器必须以成对的方式出现才能符合接口的要求,所以此处引入一种叫空调制解调器(null modem)的电缆来解决上述问题。"空"这个词意味着它不做任何事情,至少可以认为对数据的内容和形式没有任何影响。

按 RS-232-C 标准设计的接口是一个 25 针的连接器,测量中常用的是 9 针连接器。其每一针的规定都是标准的,对各信号的电平规定也是标准的,因此便于互相连接。

各针的信号规定如下:

(1)载波检测(DCD)。

(2)接收数据(RD)。

(3)发送数据(TD)。

(4)数据终端准备就绪(DTR)。

(5)保护地(GND)。

(6)数据装置准备就绪(DSR)。

(7)请求发送(RTS)。

(8)清除发送(CTS)。

(9)振铃(RI)。

三、数据通信软件的编写

编写通信程序时,在程序中对接口通信参数的设置要同测量仪器的通信参数相一致,这样它们才能相互识别对方的数据,才能够进行数据的传输。

计算机与全站仪数据通信程序的流程图如图 3-7 所示。

(一)DOS 操作系统下编程

通信软件可用 C 语言编写,直接调用 C 语言函数库中的 bioscom( ) 函数。该函数具有状态检测、初始化、输入及输出功能。

(1)串口的打开。

bioscom(0,byte,com1);

byte 是下列位的组合(从每个组中选取一个值)

0x02	7 个数据位	0x00	110 波特
0x03	8 个数据位	0x20	150 波特
		0x40	300 波特
0x00	1 个停止位	0x60	600 波特

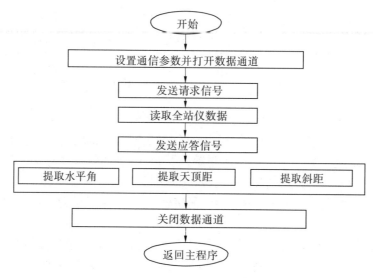

图 3-7　计算机与全站仪数据通信程序的流程

0x04	2 个停止位	0x80	1 200 波特
0x00	无检校	0xA0	2 400 波特
0x08	奇检校	0x00	4 800 波特
0x18	偶检校	0xE0	9 600 波特

例如:byte 的值为 0x8B(0x80|0x08|0x00|0x03),则通信端口为 1 200 波特,奇检校,1 个停止位和 8 个数据位。

(2)字符的发送。

bioscom(1,ch,com1);

ch 为需发送的字符。

(3)数据的接收。

ch=bioscom(2,0,com1);

如果接收没有发生错误,读来的字节放在 ch 的低 8 位中;如果有错,ch 的高 8 位中至少有一位为 1。

(4)串口状态检测。

ch=bioscom(3,0,com1)。

bioscom(　)函数发送和接收是基于单个字符的,所以进行字符串操作时必须循环发送和接收。接收到字符串后按分隔符截取,即可得到所需数据。

在设计通信程序时,需要注意:由于串行口的发送寄存器和接收寄存器共用一个缓冲区,因此在接收测量数据之前应将缓冲区中的无用信息清除,然后接收测量数据;由于某种未知因素,得来的测量数据可能不完整,此时要对测量数据的正确性进行判断。

(二)Windows 操作系统下编程

VB、VC、eVB、eVC 都提供了对通信接口的支持,利用其中的任一种,都可方便地对输入输出缓冲区进行读写操作,实现数据的双向通信。尤其在 eVB 中,提供了一个通信控件 CECOMMCtl,编程人员不必再关心底层的具体操作,只需调用该控件的属性、方法和事件,即可轻松完成掌上电脑与外部数据源的自适应通信。该控件具有一些属性和 OnComm 事件,其中几个重要的属性及其意义如表 3-2 所示。程序执行时,CECOMMCtl 控件在后台监视通信端口状态的变化,并将当前的状态记录在 CommEvent 属性中。当接收或发送的字符数大于设定的值时,OnComm 事件自动发生。这时可通过判断 CommEvent 属性的值来确定通信的状态,以实现自适应的通信处理。如下面代码所示。

```
Private Sub Comm1_OnComm(  )        Comm1 是通信控件的名称
    Select Case Comm1. CommEvent
        Case comEvReceive      接收字符
            Instring = Comm1. Input      将接收到的字符存入变量以备处理
        Case comEvSend      发送字符
        ……      加入代码
    End Select
End Sub
```

表 3-2　CECOMMCtl 控件常见的属性

属性名	描述
CommPort	设置和返回通信端口号
Settings	设置和返回传输率、奇偶校验、数据位、停止位
Portopen	设置和返回通信端口的状态:打开或关闭
Input	从接收缓冲区中返回字符
Output	向发送缓冲区中写入字符
RThreshold	OnComm 事件发生前接收缓冲区中收到的字符数
SThreshold	OnComm 事件发生前发送缓冲区中的字符数
CommEvent	表明最近发生的通信事件的类别或错误信息

四、测量数据采集的自动控制

随着大规模集成电路技术的完善,微处理器的体积越来越少,促使现今的测量仪器具备了数据处理能力,许多测量仪器内置 DOS 系统,操作功能越来越多,人工干预越来越少,在线控制和远程遥测丰富了测量仪器的品种,也使自动化测量得到更加广泛的应用。

自动控制将测量仪器视为可进行自动测量和采集的角度、距离或坐标传感器,仪器的一切运作都是在计算机的控制下进行的。一个完善的自动测量系统包括以下过程:自动测量及数据采集;数据自动导入数据库;数据自动处理;测量结果自动分析与输出。

由于自动控制测量的优良特性,使之成为在危险环境、有害辐射环境、高空、深海探测、连续取样及其他特殊场合应用的测量机器人。

人工控制时,仪器键盘是连接人与仪器的工具,自动测量时,人的意志则体现在控制程序中,并与仪器的内部信息代码和数据格式相对应。测量仪器的内部信息处理和外部通信均有一套自成体系的代码,各厂商不尽相同。下面以徕卡系统全站仪为例,做一介绍。

徕卡全站仪既有组合式的(如徕卡电子经纬仪 T2000 加测距仪 DI5 等),也有整体式的(如 TC2002、TC1610 及新型的 TPS1000 系统)。虽然各种全站仪的结构、测量精度有所不同,但其记录数据的格式是统一的。徕卡测量仪器的数据块内含有若干个所谓的"字",每个"字"有 16 个字符的固定长度。标准记录格式的数据块形式见表 3-3。

表 3-3　徕卡全站仪的数据块组成

字 1	字 2	字 3	字 4	字 5
点号	水平角	垂直角	斜距	加乘常数

每个"字"的定义格式见表 3-4。

表 3-4　徕卡全站仪数据块中"字"的定义格式

字索引		与信息有关的数据				测量数据									空格
1	2	3	4	5	6	7	8	9	10	11	12	13	14	15	16

其中字索引为第 1、2 位,如 11 表示点号索引,21 表示水平度盘读数索引,31 表示垂直度盘读数索引,41 表示斜距索引等。

与信息有关的数据在第 3~6 位上,表示输入方式、测量单位等信息。

测量结果的数据位于第 7~15 位,其中第 7 位为符号位+或-,第 8~15 位为 8 位数据。这 8 位数据中测量数据的提取与测量单位有关,设第 8~15 位的数据为 12345678,那么对应于不同的测量单位,其提取的测量数据见表 3-5。

表 3-5　徕卡全站仪中不同测量数据位数

单位	小数点前位数	点后位数	测量数据	说明
m	5	3	12 345.678	米
ft	5	3	12 345.678	英尺(ft)
400°	3	5	123.456 78	哥恩
360°十进制	3	5	123.456 78	(°)
360°六十进制	3	5	123.456 78	(°′″)
6400 密位	4	4	1 234.567 8	密位

注:1ft=0.304 8 m。

第三节　工程测量信息系统

工程测量信息系统是实现工程测量数据采集、存储、处理、管理和应用一体化的系统，应用该系统可摆脱数据在一系列变换过程中的人工操作，使工程测量外业数据采集、内业成果处理和数据库管理统一在一个系统中，从而实现工程测量生产的自动化和一体化。

一、工程测量信息系统的组成

根据工程测量的数据流程和功能要求，工程测量信息系统一般由信息采集系统、信息处理系统和信息管理系统组成（见图 3-8）。三个部分承前启后、不可分割。采集系统完成野外测量数据的获取；处理系统完成测量信息的计算、处理和分析；管理系统则实现对信息的存储、更新、增加、修改、检索、统计、输出等。

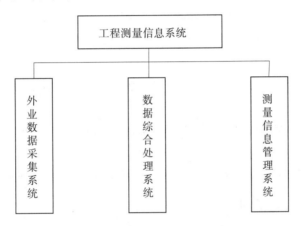

图 3-8　工程测量信息系统的结构

1. 测量数据采集系统

野外测量数据通过测量仪器获得，随着测量仪器的发展，数据采集和传输已经实现自动化、数字化。在实用中，要求采集系统校验功能强、系统稳定可靠，以确保完整、准确、及时的记录数据。

2. 数据处理系统

数据处理是对数据所采取的任何有目的、有意义的操作或变换，包括粗差剔除、平差计算、误差检验、优化设计、坐标转换、数据分析等。随着计算机技术在测量领域的广泛应用，工程测量数据处理已经实现自动化。

3. 测量信息管理系统

随着工程测量数据采集和数据处理的自动化、数字化，工程测量部门为了更好地使用和管理各种测量信息需要建立工程测量数据库或测量信息管理系统。测量信息管理系统可实现对信息的存储、更新、增加、修改、检索、统计、输出等，能够为管理部门进行测量信息检索与使用管理的科学化、实时化和信息化创造条件。

二、工程测量数据库

工程测量数据库是利用计算机存储的各类工程测量信息及其数据库软件的集合,按照数据结构、专业性质和应用的不同分为 5 种。

1. 平面控制点数据库

该库主要包括控制点编号、点名、等级、标石信息(类型、质料、截面等)、不同坐标系下的坐标成果、所在图幅号、点之记、施测信息(单位、时间、工程名称)、精度等。

2. 水准点数据库

该库主要包括水准点编号、点名、等级、标石信息(类型、质料、截面等)、所属高程系下的高程成果、位置坐标、所在图幅号、点之记、施测信息(单位、时间、工程名称)、精度等。

3. 文档资料数据库

该库应包括各个时期所施测控制网的文档资料,如平差方案、平差结果、技术总结、控制网测量的优化设计等。

4. 图形数据库

该库主要存储控制网的布设形式,了解控制点之间的相对位置。

5. 空间坐标数据库

为适应 GPS 和 TPS 技术的发展,应建立空间坐标数据库。该库包括空间大地坐标(大地经度、大地纬度、大地高)和空间直角坐标(X、Y、Z)。

不同数据库之间应相互关联,能够由一个数据库得到另一个数据库中的信息。

三、大坝变形监测信息系统

变形监测技术在我国是一门比较"年轻"的技术,它是随着我国的现代化建设事业的发展而兴起的。自 1962 年广东省河源新丰江水库地震以来,我国开始了大型水坝库岸及大型建筑物的变形监测,并开始了对水库地震活动的预报研究。1966 年河北省邢台强烈地震发生后,为了减少地震给人民生命财产带来的巨大损失,在政府的推动下,1966～1979 年开始系统地进行地震变形观测技术和仪器的研究,与此同时相应地开展了微重力变化、钻孔型倾斜仪和应变仪、地下水动态变化和体积应变仪的研制,并进行了大量的研究性监测和地震前兆的微变形探讨研究。

进入 20 世纪 80 年代,随着现代化建设进程的加快,各种工程建设项目的数量和规模都在不断地增加和扩大。为了工程安全和山地灾害防御的需要,相继实施了一批变形监测项目。如隔河岩水库大坝变形监测系统、长江三峡链子崖地质灾害防治工程、黄龙带大坝变形监测系统、南河大坝变形监测系统、丹江口大坝变形监测系统、秦山核电站变形监测系统、三屯河水库大坝外部变形监测系统等。

无论是国内还是国外,在变形监测领域中,发展最快的是大坝变形监测。因为大坝的安全状况,不仅影响效益的充分发挥,而且直接影响下游人民的生命财产安全。由于大坝失事而造成的灾难是非常惨痛的,如法国的马尔巴塞拱坝、美国的提顿坝及我国的板桥、石漫滩和沟后等大坝的失事。

随着现代传感器技术、计算机技术、通信技术和软件技术的蓬勃发展,以及测量数据处理理论和变形分析理论的不断完善,极大地推动了变形监测技术的向前发展。变形监测已开始走向智能化、自动化。对于一个大型的变形监测系统来说,其需要处理、分析、管理的数据量是非常大的,单纯依靠人的力量已远远达不到时间性要求,因此研制开发实用、方便、直观的"大坝变形监测信息系统"是非常必要的。

(一) 系统工作流程

大坝变形监测信息系统由野外数据采集、室内数据处理和管理几个环节构成,其硬件设置包括智能全站仪、仪器墩、监测墩、基准墩、计算机、通信及供电设备。其工作流程如图 3-9 所示。

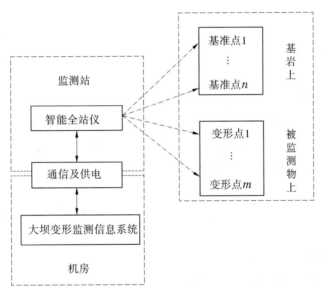

图 3-9　大坝变形监测信息系统工作流程

在该系统中,控制机房内的计算机通过电缆与监测站上的智能全站仪相连,电缆兼通信及供电的作用。全站仪在计算机的控制下对基岩上的基准点及被监测物上的变形点自动进行测量,观测数据通过通信电缆实时输入计算机,由测量软件进行实时处理,处理结果存入数据库,由系统管理各种监测信息。管理人员通过系统就能实时了解大坝变形情况,提高了工作效率和信息化水平。

(二) 系统总体结构

从大坝变形监测数据特征和应用目标出发,系统立足于整体,采用软件工程的结构化设计模式,按功能将系统分解成相对独立的模块。系统强调模块完整性与兼容性、功能实用性、操作可视化等,同时整个系统是一个统一的整体,各个模块之间通过实时数据有机的连接。系统功能结构如图 3-10 所示。

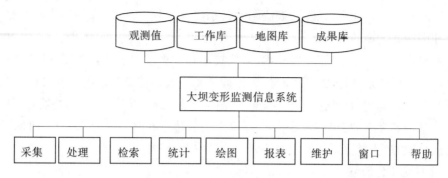

图 3-10　系统总体结构

系统按功能要求划分为 9 个模块,有采集、处理、检索、统计、绘图、报表、维护、窗口、帮助等。各个模块通过对数据库的操作、读取外部数据及系统内部的数据交换,达到监测数据管理、检索、处理和制图的目的。

(三) 系统功能

大坝变形监测信息系统按功能分为数据采集、处理和管理三部分。

1. 数据采集

在数据采集中,一般采用自动极坐标测量软件。如徕卡自动极坐标测量软件 APSWin,该软件控制 TCA 自动化全站仪,按极坐标的方式智能化地实时采集目标点水平角、天顶距和斜距等测量与仪器状态信息。它具有以下优点:

(1)使所有的工作计算机化,节约了大量的人力和时间。

(2)可以全天 24 h 连续自动地测量与记录。

(3)系统断电后自动保存测量数据,通电后按原配置参数继续进行自动测量。

(4)可以实现测站无人值守。

(5)强大的数据库功能,无观测点数的限制。

(6)连接气象传感器自动进行测距的气象改正。

(7)可用标准 RS232 接口或 Modem 进行作业现场与办公室间的数据通信。

(8)可以自动运行用户编写的外部应用程序,具有开放性。

2. 数据处理

数据处理部分包括数据处理、变形分析、监测网评价及图形显示,如图 3-11 所示。

3. 数据管理

数据管理部分主要针对海量变形监测信息(观测数据、处理数据、成果数据、水位、水温、气温及各种资料等),以数据库为中心,实现对各种信息的存储、更新、增加、修改、维护、检索、统计、报表、绘制图表及曲线等为大坝变形监测管理部门提供方便、快捷、高效、实时的服务。

(四)数据库的建立

1. 数据模型对象

根据大坝变形监测数据采集、数据处理和分析成果特征,本系统的数据模型对象如

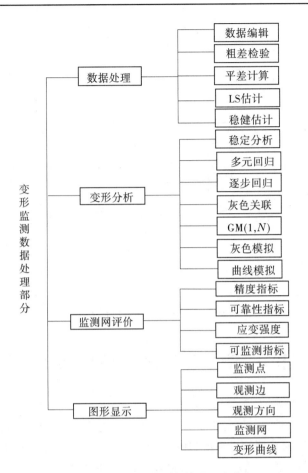

图 3-11　变形监测数据处理内容

图 3-12 所示。

2. 数据库结构

根据系统数据模型,依据关系模型设计的若干准则和关系规范化理论划分关系模式,确定关系数据库中的数据表结构。

(1)监测网点表(点名、点位、埋石日期、基础情况、标志、觇标),关键字:点名。

(2)观测信息表(观测时间、周期号、测站名、照准点名、方向观测值、边观测值、仪器、精度),关键字:周期号、测站点名。

(3)相关数据表(日期、水温、气温、水位),关键字:日期。

(4)成果表(点名、周期号、时间、X、Y、Z、位移值、位移方向、精度、稳定性),关键字:点名、周期号。

大坝变形监测信息系统建成后,可以纳入大坝综合管理系统并作为其中的一个子系统,网络中相关部门的任何一台计算机都可以查看大坝变形监测信息,大坝的领导与管理部门可以随时了解大坝安全情况。

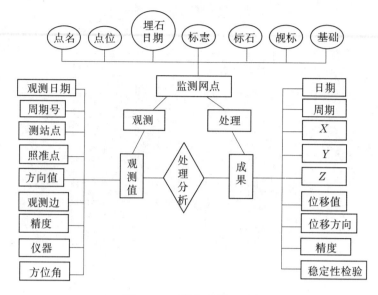

图 3-12　系统数据模型对象

第四节　测量计算地理信息系统实例

　　传统的测量计算步骤烦琐,计算过程复杂,人工计算在信息化时代的今天既耗时又耗力,传统的测量数据处理手段已经不能适应数据可视化的需求。借助地理信息系统技术,开发适用于测量计算的地理信息系统,用来计算、处理、管理大量的测量数据及图形信息,将能够实现测量数据计算处理的可视化,更好地使用和管理大量测量成果数据。本节利用 C#和 ArcGIS engine 组件开发了基于测区地图平台的工程测量数据处理系统。

一、软硬件配置

　　(1)软件配置。
　　软件选择遵循如下原则:软件所具备的功能应最大限度地满足本系统的需求,易于开发、扩充,技术先进,便于操作,性能可靠,价格合理,维护更新、版本升级有保障。
　　操作系统:Windows XP、Windows 7、Windows 10 等。
　　其他:. NET Framework4+框架、ArcGIS 10. 2 或以上版本。
　　(2)硬件配置。
　　计算机:4G 以上硬盘、128M 以上内存、16M 以上显存。

二、功能操作介绍

1. 软件主界面
　　(1)菜单栏,可实现文件操作、地图注记、控制点生成、测量计算等功能。
　　(2)基础工具条,可实现对电子地图等基本操作,如漫游、全图显示等。
　　(3)编辑工具条,可实现对地图要素的创建、编辑、删除等功能。

（4）图层目录，可实现对地图图层的管理、要素符号更改等操作。

（5）鹰眼，展示数据视图中的地理范围在全图中的位置。

（6）地图窗口，地图交互操作的窗口。

（7）状态栏，可显示数据框内鼠标的位置，菜单栏功能的简短说明。

软件系统主界面如图 3-13 所示。

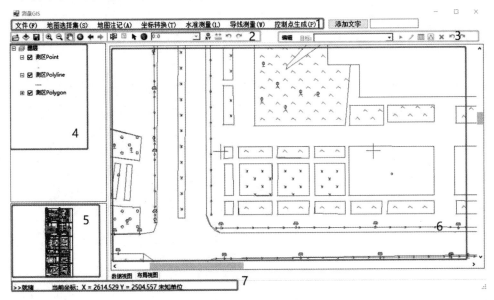

图 3-13 软件系统主界面

2. 菜单栏功能介绍

1）文件

如图 3-14 所示，该菜单有模块：打开地图文档（. mxd）、打开 Shpfile 数据（. shp）、打开栅格数据、保存与另存为、导出地图、新建 Shpfile。

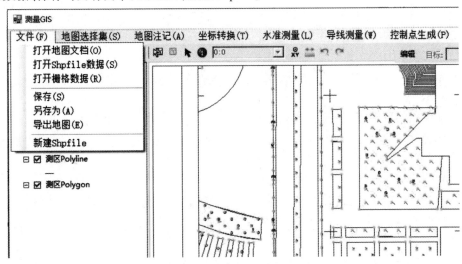

图 3-14 文件模块

需注意,"打开 Shpfile 数据(.shp)""添加栅格数据"均是作为一个新地图文档打开。如果需要在现有地图中添加要素,可使用工具条中的"添加数据"工具。

2)地图选择集

如图 3-15 所示,地图选择集操作步骤:

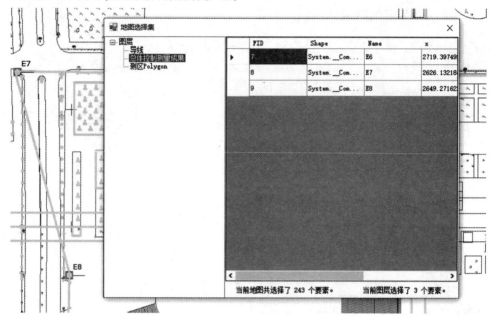

图 3-15　地图选择集

第一步:通过工具条中的"选择要素" 🖱 工具,选中地图中感兴趣的要素;

第二步:点击菜单栏中的"地图选择集"。

弹出地图选择集窗口,实现分图层查看所选要素的属性信息功能。

3)地图注记

操作步骤:点击菜单栏中的"地图注记";在打开的窗口中,选择要添加注记的图层,以及要添加的字段,如图 3-16 所示。

4)坐标转换

坐标转换包括了不同坐标系下单个点的坐标值转换和七参数解算。

(1)坐标值转换。

在菜单栏中依次点击"坐标转换"→"坐标值转换"→"输入单个点";在打开的功能窗口中预设好转换前坐标系及转换后坐标系并输入需要转换的坐标值,单击"确认"按钮,右侧会出现计算结果值,如图 3-17 所示。

(2)七参数解算。

在菜单栏中依次点击"坐标转换"→"七参数解算";在打开的功能窗口中输入源坐标值及目标坐标值,单击"确认"按钮,最右侧会出现七参数计算结果值,如图 3-18 所示。

5)水准测量

水准测量包括了附合水准平差、闭合水准平差、支水准平差。以附合水准平差处理为例:运行程序后,在菜单栏依次点击"水准测量"→"附合水准";在打开的窗口中,调整水

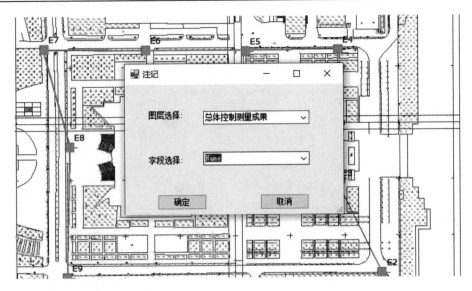

图 3-16　地图注记

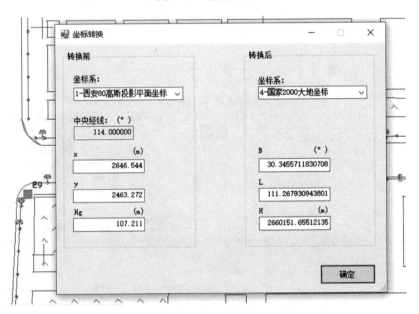

图 3-17　坐标值转换

准精度并预设起始点与目标点高程值,打开需要处理的数据并点击"确认"按钮,弹出报表窗口;在报表窗口中,根据需要选择将结果"导出保存为 txt"或者"导出保存为 Excel",点击"确认"按钮。如图 3-19 所示。

6)导线测量

导线测量包括闭合导线平差、附合导线平差、支导线平差、导线网平差。以闭合导线平差为例:运行程序后,在菜单栏依次点击"导线测量"→"闭合导线";在打开的窗口中根据需要调整平差精度,选择导入的数据文件并点击"确认"按钮;在弹出窗口的绘图区会显示平差结果绘制的导线图,在该区域根据状态条中的提示进行鼠标操作;单击状态条中

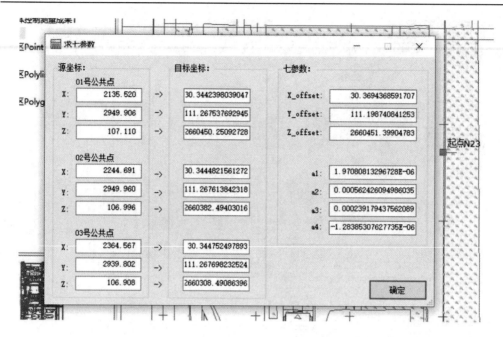

图 3-18　七参数解算

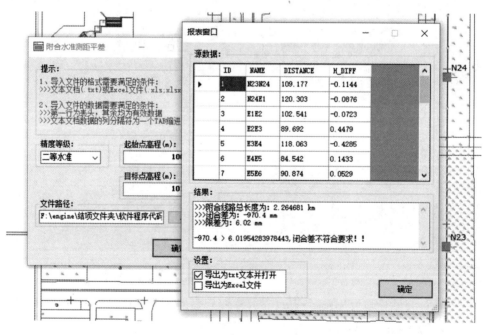

图 3-19　附合水准测距平差

的齿轮图标按钮,根据需要将结果数据或检核导出至文件。如图 3-20 所示。

　　7) 控制点生成

　　可选择导入 excel(最好为. xls 格式,有时. xlsx 格式会出现格式不匹配现象) 及导入 txt,两种格式。以导入 txt 表格为例:在菜单栏依次点击"控制点生成"→"导入 txt";在打

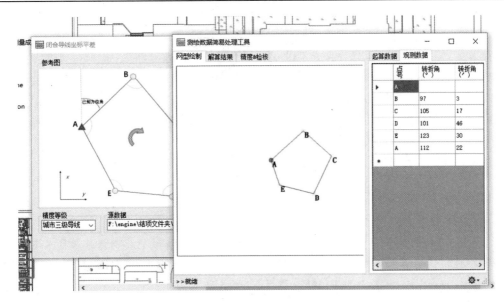

图 3-20　闭合导线平差

开的窗口中,输入数据文件路径、shp 保存路径窗口,点击确定,生成的控制点图层将会自动添加到当前地图文档。如图 3-21 所示。

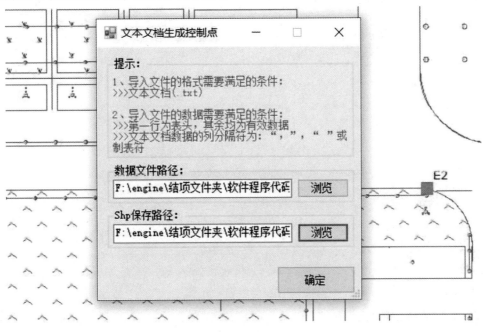

图 3-21　控制点生成

3. 工具条功能介绍

1) 基本工具

(1) 主工具条,可以实现地图的基本操作,如拉框放大、拉框缩小、平移、全图、返回上一视图、转至下一视图、选择要素、清空所选要素、选择元素、识别、地图比例、转到 XY、测量、撤销、恢复。如图 3-22 所示。

图 3-22　主工具条

（2）如图 3-23 所示，添加文字注记，在"添加文字文本框"中输入要添加在地图上的文字，点击"添加文字按钮"，然后鼠标右键单击地图上需加文字注记的位置。可以使用工具条中的"选择要素" 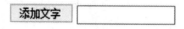移动文字至目标位置。

图 3-23　添加文字

2）编辑工具

如图 3-24 所示，依次点击工具栏中的"编辑"→"开始编辑"，将会弹出文件夹或数据库选择窗口，选择需编辑图层所在的文件夹或数据库后，单击"确定"即可开始编辑。可实现更改目标图层、要素的创建、删除、移动、属性编辑等基本操作。

注意：编辑完成后先"保存编辑内容"再"停止编辑"，否则可能出现软件进程一直加载的情况。

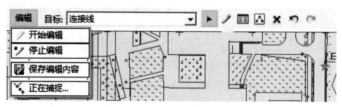

图 3-24　图层要素编辑

第四章　公路工程地理信息系统

第一节　公路工程管理

一、概述

交通运输是由铁路、公路、水运、航运和管道5种运输方式组成的综合运输体系,公路是主要运输形式。中华人民共和国成立后,由于实行高度的计划经济,在公路工程建设中,工程费用实报实销,不计盈亏,不讲核算,虽然工程建设各参与者非常关注工程进度和质量等,但在这方面却存在许多问题,使国家的管理工作长期处于停滞不前的状态。

随着社会主义市场经济的发展和改革的不断深化,20世纪80年代中后期,出现了一种对工程建设活动更全面、更完善的管理方式,即工程监理制度。1988年上半年,国务院做出了在土木建筑领域中实施工程监理的决定,并且在陕西省第一条高等级公路西安至三原一级公路的建设中首次由专司监理职责的“工程师机构”按国际合同管理方式代表业主对该合同工程进行了现场综合监督管理,这标志着我国公路工程施工监理工作的正式启动,也是向与国际监理制度接轨迈出的第一步。

进入20世纪90年代后,“要想富,先修路”的口号首先在东部发达地区得到了贯彻,在开发西部的战略中,公路建设也放在了重要的位置。世界银行与一些国际大公司在国内投资修路,对工程管理提出了更高的要求,工程管理国际化成为发展趋势。

国际惯例中按国际咨询工程师联合会(Fédération Internationale Des Ingénieurs Conseils,FIDIC)合同实施的工程管理是以业主为主导、监理为核心、承包人为主力、合同为依据、经济为纽带的项目管理模式;它不是单纯的技术管理,而是技术、管理、经济、法律的统一,并以法律关系形式确定了业主、监理、承包人在完成工程项目中的职责、义务和权限的关系。

业主,又称建设单位或甲方,在招标阶段则称“招标单位”。它是指某项工程的投资者或资金筹集者,并在工程建设的前期、实施阶段对工程建设的费用、进度、质量等重大问题有决策权的国有单位、集体单位或个人。

承包单位,又称承建单位、承包商或乙方,在招标阶段则称“投标单位”,中标后称为“中标单位”。它是指通过投标或其他方式取得某项工程的施工权等,并和建设单位签订合同承担工程费用、进度、质量责任的单位或个人。

监理工程师(单位),是指依法成立的、独立的、智力密集型的从事工程监理业务的社会经济实体,受建设单位的委托与其签订监理合同,承担工程建设监理业务的单位。

工程管理活动涉及建设单位、承包单位和监理工程师(单位)。建设单位和承包单位是合同关系;监理工程师(单位)和承包单位没有合同关系,而是监理和被监理的关系,这种关系由建设单位与承包单位所签订的合同所确定;建设单位和监理工程师(单位)之间是委托合同关系。

二、公路工程管理

(一)公路工程管理的工作

公路工程管理工作可分为工程进度控制、工程质量控制、工程费用控制、合同管理、信息管理和工地会议 6 个部分,即常说的"三控制两管理一协调"。

1. 工程进度控制

公路工程项目的特点是工程费用大,建设周期长,涉及范围广。而工程进度又直接影响着业主和承包商的重大利益。如工程进度符合要求,施工速度既快又科学,则有利于承包商降低工程成本,并保证工程质量,也给承包商带来好的工程信誉;反之,工程进度拖延或匆忙赶工,都会使承包商的工程费用增大,垫付周转的资金利息增加,给承包商造成严重亏损,并且拖延竣工期限,也给业主带来工程管理费用的增加,投入工程资金利息的增加,以及工程项目延期投产运营的经济损失等。因此,在公路工程施工管理过程中,以工程进度控制为目的的施工进度管理是公路工程施工管理的一个重要环节。

2. 工程质量控制

工程项目的质量是指通过工程建设过程所形成的工程符合有关规范、标准、法规的程度和满足业主要求的程度,工程项目质量的内涵包括工程项目的质量与功能、使用价值的质量和工作质量三个方面。

工程实体质量是从产品形成结果方面反映工程项目的质量。一般,由各工序的质量集合形成分项工程质量,由各分项工程质量形成各部位工程质量(分部工程质量),再由各部位工程质量形成具有能完成独立功能主体的工程质量(单项工程质量),最后各单项工程的质量集合为工程项目的实体质量。

工程质量控制的程序流程如图 4-1 所示。

3. 工程费用控制

工程费用一般指修建工程项目所投入的建设资金,它是工程建设项目在施工过程中形成的工程价值的货币表现形式,可分为预算工程费用和实际工程费用。工程费用具有以下特点:

(1)预先定价;

(2)以工程成本为基础;

(3)由监理工程师签认;

(4)由承包商使用;

(5)由业主支付。

在公路工程施工中,工程费用除了反映业主和承包商的直接经济关系外,工程费用的支付还反映了工程的进度和质量,因为承包商的工程质量不合格,监理工程师不签字认证验收,业主就不予付款;如果工程拖延,该竣工时工程还未干完,经过监理工程师检查证明,业主可以扣回承包商的拖期违约罚金等。因此,工程费用的支付是对工程质量、进度的最终评价。工程施工过程中的费用控制主要是对工程计量与支付的监督与管理。

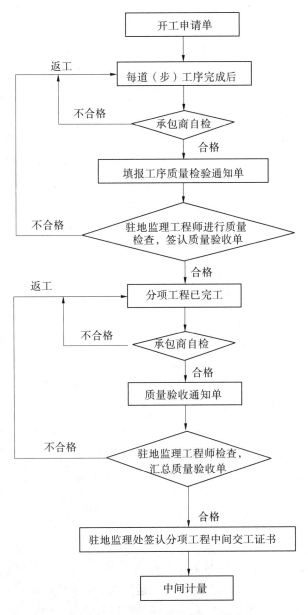

图4-1 工程质量控制的程序流程

4.合同管理

合同是平等主体的自然人、法人、其他组织之间设立、变更、终止民事权利义务关系的协议。合同管理是指工程发包单位、承包单位、建设监理单位依据法律和行政法规、规章制度,采取法律的、行政的手段,对合同关系进行组织、指导、协调及监督,保护合同当事人的合法权益,处理合同纠纷,防止和制裁违法行为,保证合同顺利贯彻实施等一系列活动。合同管理的基本内容包括合同签订、合同履行、合同变更和解除,以及违约的调解和仲裁。

合同管理涉及签约各方的权利和利益,各方都必须加强对合同的管理,减少因合同纠纷造成的经济损失。提高合同的履行率是各方加强合同管理的最终目标。

5. 信息管理

工程信息是对参与建设各方主体从事工程建设项目管理提供决策支持的一种载体，如项目建议书、可行性研究报告、设计图纸及其说明、各种建设法规及建设标准等。按信息来源分类，有从建设方来的信息、承包商方来的信息、从设计方来的信息、项目监理机构产生的信息、来自交通部门等政府机构的信息。

信息管理是对工程信息的收集、加工、转换、存储、检索、传递和应用等一系列工作的总称，是工程管理工作的重要内容。信息管理的目的就是通过有组织的信息流通，使工程师及时掌握完整、准确的信息，为科学决策提供依据。信息管理工作的好坏将会直接影响工程建设的成败。因此，工程单位十分重视信息管理工作，建立健全信息管理机构，努力实现工程管理工作的规范化和现代化。

6. 工地会议

工地会议是用于协调各方关系的公路工程管理方法，是监理工程师对工程项目进行全面管理的一种重要方法，也是合同管理项目中普遍使用的一种手段。工地会议旨在检查、督促合同各方，特别是承包商对承包合同的执行情况，协调各方关系，促进工程项目的顺利完成。它属于开工后举行的一种例行会议。

公路工程总体管理过程是：以合同管理为中心，把管理目标按各标段逐级分解，形成各承包单位的总体目标。承包单位按照每个标段的总体目标制订详细的管理目标，并定期上报实施进展情况，由各监理汇总其监管标段的工程并上报业主，业主最终汇总出项目的本期数据，加以分析并制订下一步的工作分解目标。

由于公路项目线路长，管理跨度大，为了确保工程整体目标的实现，需要建立起对施工过程的监控管理机制，并充分运用互联网技术平台和先进的工程管理软件系统进行科学有效的管理。

(二) 公路工程监理

1. 公路工程监理的任务

公路工程监理的任务主要是控制工程质量、进度和投资。合同管理、信息管理和全面的组织协调是实现质量、进度、投资目标所必须运用的控制手段和措施。但只有确定了质量、进度和投资目标值，监理单位才能对工程项目进行有效的监理管理。质量、进度、投资是一个既统一又相互矛盾的目标系统，如图 4-2 所示，在确定每个目标值时，都要考虑对其他目标的影响。

2. 公路工程监理的组织模式

公路工程监理的组织模式如图 4-3 所示，总监理工程师对整个工程监理全权负责。总监理工程师下设总监理工程师代表处，总监理工程师代表处下设监理办公室，在每个合同段还设有合同段驻地办。由合同段驻地办监理工程师负责现场监理并实时将现场情况上报，上级监理办对工地情况按比例抽查。

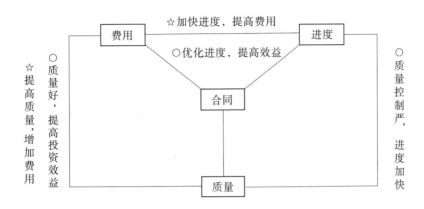

☆为相互矛盾；○为相互统一

图 4-2　目标之间的相对统一关系

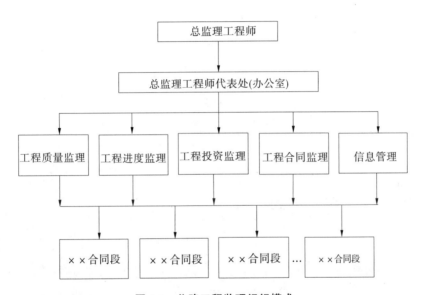

图 4-3　公路工程监理组织模式

3. 公路工程监理工作的内容

公路工程监理工作的内容主要有：

(1)发布开工令、控制工程进度；

(2)审核设计图纸和技术资料；

(3)检查各种原材料、设备的规格质量,验证认可试验报告；

(4)审批承包商的施工方法、工艺和临时设施；

(5)检查监理安全工作；

(6)检查监理施工质量；

(7)对已完工程进行计量,向承包商付款签证；

(8)处理合同变更和索赔；

（9）工程验收；

（10）负责办理向贷款单位提供报告。

（三）工程变更流程

在公路施工中，由于原设计的不合理性和一些不可预见的原因，工程变更设计贯穿于整个施工过程。

根据合同管理规定，对工程形式、质量、数量和内容上的任何变动，都应按合同条款对监理工程师变更权限的规定和监理服务协议书中业主对各级监理组织变更权限的授权进行审批，由监理工程师下达变更令，指令承包商实施。具体实施过程根据工程实际情况而定，如图 4-4 所示为某大型桥梁及连接线工程监理中的变更设计程序。

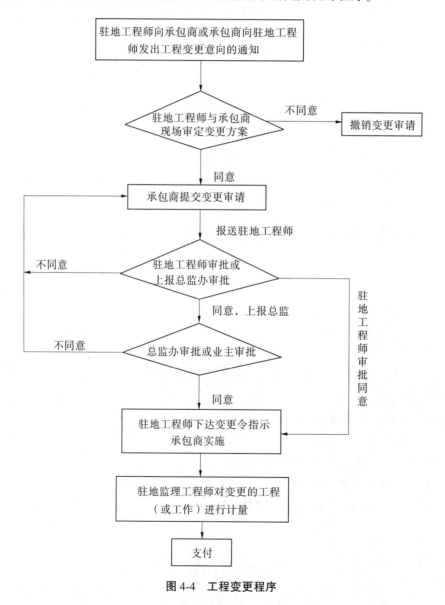

图 4-4　工程变更程序

一般情况下,变更设计根据变更款项的大小分三级进行审批。当一项工程需要进行变更时,首先要考虑的是变更的必要性,然后根据投资大小和审批权限快速准确地对工程变更量做出决断,所以说变更设计的快速决断对工程施工具有非常重要的现实意义。下一节介绍的系统中对线路变更中的道路中线、宽度、竖曲线、平曲线、地面高程重测等变更进行了实现。

三、公路工程地理信息系统

公路工程施工涉及大量的人力、物力和财力,工程变更涉及整个施工过程。大量的施工设计图纸及每天、每月、每季的施工汇总资料给管理工作带来许多困难。要想快速、优质、安全地完成公路施工任务,除了提高工程人员素质、技术设计质量外,更需要实现信息化管理,增加施工过程的科技含量。当前,地理信息系统等信息技术发展日新月异,专题GIS应用已开始向国民经济各个领域推广。在与空间地理分布密切相关的公路工程建设领域,利用GIS技术建立公路工程信息系统为公路工程服务,将具有重要意义。

公路工程地理信息系统基于GIS软件平台,是一个具有多要素、多层次、多功能的为监理工程师服务的公路工程施工管理系统软件。它以地图为基础,统一管理与公路工程有关的各种设计资料和施工资料,实现公路工程施工管理中的路面、桥梁、涵洞设施等地理属性和管理属性的显示、查询、分析和图表输出等功能。

公路工程施工管理信息系统不同于普通的办公自动化系统,它是GIS与MIS集成的信息系统,以地形图、施工设计图、工程基本资料为依据,将各种不同的信息分别放入数据库中,通过用户点击数字地图的点、线、面等具体实体,得到该实体的属性、施工进度等信息,同时可根据属性数据获取地图上的相应位置。系统的功能有:

(1)充分利用计算机计算速度快、存储量大,最大限度地减轻工程技术人员的工作量,实现工程施工管理自动化。

(2)动态处理数据、图表,实时提供工程最新进展情况,为领导决策提供可靠依据。

(3)对施工进程中所需的各种图表根据工作需要,可随时在计算机上动态显示,方便随时修改,实现无纸办公化。

(4)在计算机上对每一个结构物,如桥梁、涵洞、隧道、排水槽等,甚至桥梁墩台的结构、类型,不同地段路面的结构层等管理,实现施工过程的可视化管理。

该系统的建立,将改变传统的管理模式,为施工管理的科学化、信息化、标准化打下良好的基础。目前,在国内外公路工程勘测、设计、施工中,已经有一些管理信息系统在发挥作用。

第二节 系统规划与设计

系统规划与设计是公路工程施工管理信息系统开发的重要阶段。其目标是根据用户需求和现有的基础条件,制订出一个先进实用的、可操作的技术方案。系统规划要站在战略的高度,把工程作为一个有机的整体,全面考虑工程所处的环境、具备的条件和管理者的需要,规划出系统的轮廓。

一、系统分析

系统分析员要通过各种方法了解用户需求,并对此加以分析,以确定系统的目标、范围、功能和技术性能。

1. 总体要求

系统开发的出发点是实用。系统建设要求达到提高办事效率、减轻办事人员的劳动强度并实现信息共享的目的,主要体现在以下几个方面:

(1)实用性。便于用户应用,便于系统管理,便于数据更新和系统升级,具有简单明了的人机交互方式、优化的系统结构和完善的数据库系统,以及灵活简便的用户界面和提供有效的帮助信息。

(2)经济性。系统建设要求在实用的基础上做到最经济,以最小的投入获得最大的效益。在软硬件配置、系统开发和数据库建立上要充分考虑投入和经济效益。

2. 功能要求

1)地图显示功能

地图显示功能要求具有电子地图的基本功能,包括对图形进行任意放大、缩小、漫游、分层(类)显示等功能,能够显示以带状地形图为基础的公路平面图、公路设计图、公路用地图、公路纵横断面图等;显示各种部件设计图,如桥位平面图、桥台构造图、涵洞分布位置图、涵洞设计图等。

2)查询分析功能

查询线路上任意指定地点的横断面图和纵断面图;查询任意代号或名称的桥涵属性,如查询任意桥梁立柱的高度、材料、施工日期、进度、造价等;查询某一标段的工程量清单、工程进度、投资情况等。

3)数据编辑功能

数据编辑功能要求对设计数据进行变更修改,对施工过程中的各种信息资料进行增、删、改、存等操作。

4)测量检查功能

测量检查功能要求可以计算两点或多点间的直线距离、地表面距离,计算任意范围的平面、地表面面积(场地清理),计算任意两点间的坡度。通过控制点检查线路施工放样点的平面、高程精度。

5)数据输出功能

数据输出功能主要包括以下4个方面的功能:图形输出(点位符号图、线状符号图、面状符号图、立体图等);图像输出;统计图表(条形图、扇形图、抓线图、散点图、直方图等);外部数据输出。对查询、统计、分析所得的各种表格资料打印输出,绘制指定区域的地形图、断面图等。

6)多媒体功能

多媒体功能是对文本、声音、图像、视频等多媒体数据进行数据库管理,实现超级链接,要求通过在地图上点击某要素点就可实现多媒体信息的显示与播放。

3.性能要求

（1）系统操作简单实用:该系统用户为公路工程管理人员,对计算机和 GIS 可能了解不多,因此系统的操作尽可能简单实用。

（2）必要的纠错能力:系统出现故障时应给出明确的出错提示及解决方法。

（3）系统的安全性:该系统所涉及的一些数据具有法律效力,因此数据的准确性和正确性至关重要。系统需要建立一些安全保护机制以免数据被其他用户非法使用和遭受人为的破坏。要对系统的不同用户设置不同的访问和处理权限,对重要数据应能自动备份。

4.系统运行环境要求

系统运行环境要求系统运行于网络环境下,采用 Windows 操作系统。

二、系统总体构架

由于公路项目线路长、管理跨度大,为了确保工程整体目标的实现,达到快速准确的数据传输和信息共享,实现真正的动态过程管理,需要利用目前较成熟的互联网技术搭建网络平台。

根据公路工程管理信息系统的功能、业务站点的地理分布,确定系统的网络拓扑结构,如图 4-5 所示。在工程总指挥部设立网络控制中心,并申请 DDN 数字专线,组建 100 Mb/s 传输速率的内部局域网,使指挥部内部各个部门共享最新信息数据,增加相互之间的快速交流,并通过主服务器(设在网络控制中心)与各监理单位和施工单位实现远程通信。几个监理单位和所有的施工单位均可以通过拨号上网方式接收和发送电子邮件来更

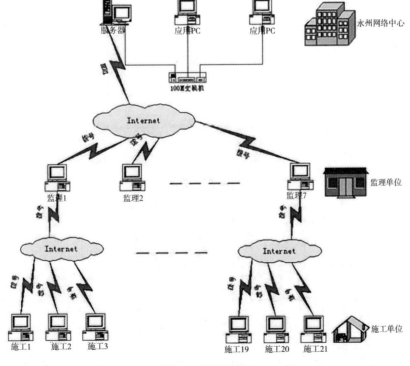

图 4-5　网络结构

新数据和信息,或者由网络中心设置登录权限及密码,直接登录指挥部服务器进行远程数据更新。建立了这样一个先进的网络平台,将为工程项目实现施工全过程的动态管理奠定坚实的基础。

三、系统功能模块

系统的功能模块设计主要确定系统组成模块,以及模块之间的关系。本系统主要由数据输入、数据管理和应用三部分构成,结构如图 4-6 所示,下面分别简要说明。

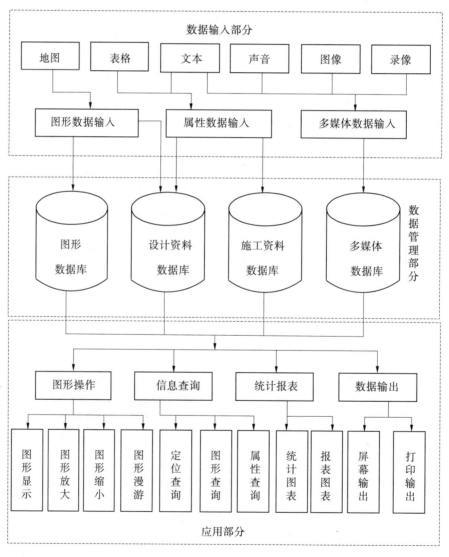

图 4-6 系统结构图

(一)数据输入部分

数据输入的任务是将公路工程施工管理过程中的有关信息输入计算机,主要包括对带状地形图、公路设计图及诸如涵洞、桥梁、隧道等空间数据的数字化采集输入,对文字、表格等专题数据的键盘输入及对声音、图像、视频等多媒体数据的输入。具体分以下五部分。

(1)导入符合 GIS 软件格式的公路带状地形图。

(2)导入 AutoCAD 中 dxf 格式的公路设计图。

(3)输入设计资料中的设计数据。

(4)输入施工过程中的文件资料。

(5)导入多媒体信息中的文本、声音、图片和视频等。

(二)数据管理部分

数据管理除了对公路工程施工数据进行有效的管理以保证后续部分的应用外,还要提供对数据的更新和维护功能,以保证数据的正确性、有效性、现势性和完整性。它由图形数据库管理、设计资料数据库管理、施工资料数据库管理和多媒体数据库管理四部分组成。图形数据库管理主要是对地形图数据和其他(如涵洞位置等)空间数据进行管理,它能够提供对图形的编辑修改和删除功能;设计资料数据库管理主要针对公路设计资料数据进行管理,它允许用户对设计资料进行增加、修改和删除等操作;施工资料数据库管理主要存放施工过程中的各种数据、文档资料;多媒体数据库管理主要对图像、录像、声音、文本等多媒体数据进行管理。

(三)应用部分

应用是根据用户需要,从数据库中提取所需数据,按用户要求的方式以生动、直观、形象、方便的形式来满足用户的实际需要。它包括图形显示、图形放大、图形缩小、图形漫游、图形输出、信息查询(包括从图形到属性信息的定位查询、从属性信息到图形信息的图形查询及从属性到属性的专题查询)、统计报表及多媒体信息输出等内容。

四、界面设计

系统界面是人机交互的接口,包括人如何命令系统及系统如何向用户提交信息。对用户来说,界面就是系统。界面的设计决定他们如何有效地进行工作。界面应隐藏系统内部的细节,使用户更加专心地处理自己的任务。一个设计成功的界面使用户更容易掌握系统,从而增加用户对系统的接受程度。尽管目前图形用户界面(graphical user interface,GUI)已经被广泛地采用,并且有许多界面设计工具的支持,但是在系统开发过程中仍应该将界面设计放在相当重要的位置。

1.设计菜单层

菜单层包括主菜单项和下拉菜单项(见图 4-7)。在设计中要考虑排列、整体-部分组合、宽度与深度的对比、最小操作步骤等问题。一个层次太"深"的命令项目会让用户难以发现,而太多命令项目则使用户难以掌握。

2.设计工具条

为了方便用户对系统的操作,要设计一些工具按钮。本系统首先要有一些图形操作

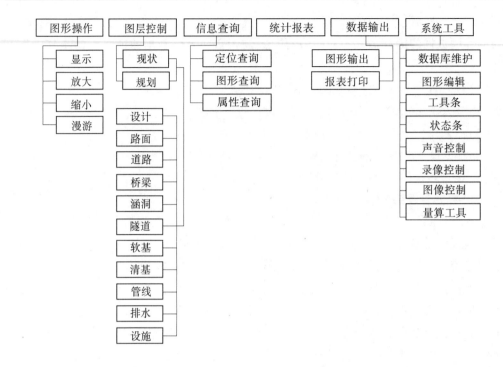

图 4-7　系统菜单设计

工具,如漫游、选择、放大、缩小。另外,有打印、楼盘图标添加、删除等工具。图标选择要遵循按钮功能的寓意。

　　3. 设计对话框

　　对话框包括编辑对话框、查询对话框等,是用户对系统交互的窗口,在设计中要保持界面的简洁易懂、美观大方,并尽量减少操作步骤。

　　4. 设计详细的提示

　　图形用户界面中的对象,只要用户所能看到的,要有提示,如工具条上的图标、属性框、对话框中的控件等。系统长时间操作时,给出进展状况。对于用户的非法操作,给出提示。

　　5. 规范化

　　系统的界面图形和操作尽量规范化,例如:以拉框或 Shift(Ctrl)加鼠标的方式完成多个项目的选择等。

五、数据库设计

(一) 系统数据模型

　　在本系统的设计过程中,数据库设计是系统设计的关键。根据公路工程施工过程的项目类别及数据特点,可以建立如图 4-8 所示的数据模型。

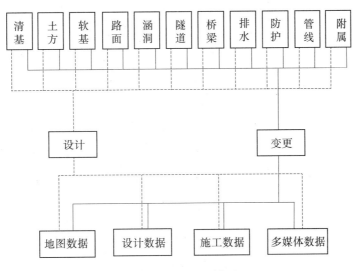

图 4-8 系统数据模型

(二)数据库结构

根据用户需求分析,系统的数据信息主要来自 4 个方面,即基本地形图、设计资料、施工资料和多媒体。为此,系统建库时也按相应的信息建立了 4 个库,它们相互之间通过关键字进行连接。各个库的详细结构如图 4-9(a)、(b)、(c)、(d)所示。

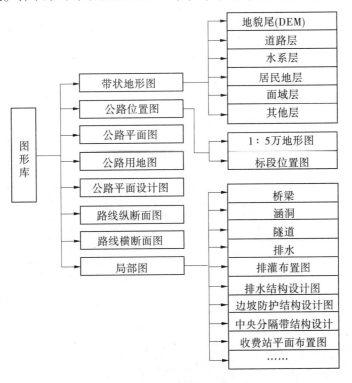

(a)图形库内部关系模型

图 4-9 图形库关系模型

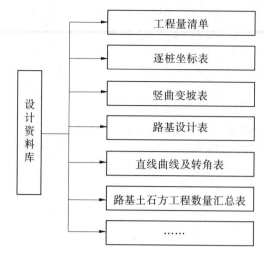

（b）设计资料库内部关系模型

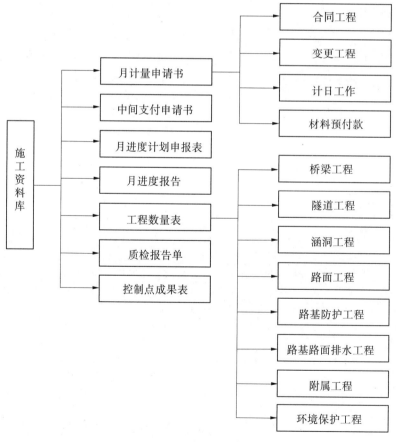

（c）施工资料库内部关系模型

续图 4-9

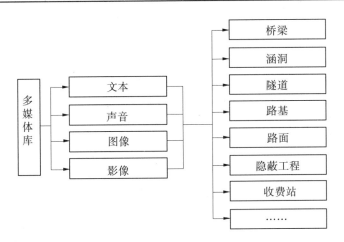

(d) 多媒体库内部关系模型

续图 4-9

(三) 关系数据库的命名方法

在关系数据库中,数据一般由数据库、数据表、字段三层结构来管理。为了数据管理的规范化、条理化,需要在设计中制订一些命名方法。在本系统中,采用下面的命名规则:数据库名、数据表单名及字段名的名称均以汉语拼音缩写声母组成,文件名不得超过 8 位。例如:"工程信息"库的名称为"GCXX"。

数据表单以其所完成功能的汉语拼音缩写进行命名,长度一般不超过 8 位。例如:月进度报告为"YJDBG"。

字段名以所属表名的前 3 位字母开始,第 4 位为下划线"_",第 5~10 位为该字段所代表项的汉语拼音缩写。例如,月进度报告表中的项目名称的字段名为:"YJD_XMMC"。

六、数据录入

在公路工程施工管理信息系统中,数据录入是一项复杂而繁重的工作。主要的数据录入工作有:带状地形图、公路设计图、公路设计数据、公路施工数据、多媒体数据等。

(一) 地形图数字化

下面介绍利用 MapInfo 操作平台进行地形图扫描矢量化的方法。

1. 空间数据的分层与编码

空间数据可按某种属性特征形成一个数据层,通常称为图层。图层是描述某一地理区域的某一(有时也可以是多个)属性特征的数据集。因此,某一区域的空间数据可以看成是若干图层的集合。

原则上讲图层的数量是无限制的,但实际上要受 GIS 数据结构、计算机存储空间等的限制。通常按实际需要对空间数据进行分层。

为便于进行各种查询和制作专题图,将地形图数字化时进行了分层和编码处理。例如:系统可以采用表 4-1 的分层和编码方法。

表 4-1 地形图数字化的分层和编码

编号	层名	编码
1	地貌层	控制点(100),高程点(101),等高线(102),示坡线(103)
2	水系层	符号、注记(200),河流(201),池塘、水库(202),地下沟渠(203),输水槽(204),倒虹吸(205),水井、机井(206)
3	道路层	名称注记(300),道路边线(301),桥梁(302),涵洞(303),路内花池(304),说明(305)
4	居民地层	注记(400),房屋(401),围墙(402),贮水池(403),附墙(404)
5	面域层	道路(601),旱地(602),草地(603),稻田(604),菜地(605),空地(606),其他地域(607)
6	其他层	注记(500),斜坡(501),电力线(502),通信线(503),地下管线(504),篱笆、铁丝网(505),独立地物(510),植被符号(520)

2.扫描要求与符号制作

MapInfo 除了可以接收 TAB、XLS、DBF、MDB 等矢量数据外,还可以接收 BMP、TIF、GIF、JPEG、BIL、MIG、PCX、PCT 等栅格图像格式,在 MapInfo 中,在矢量地图可以附加数据,而栅格图像不行。但栅格图像可显示为一个图层,用来作矢量地图图层的背景,因为它能提供比矢量地图更细致的图像。MapInfo 适合专题地图要素的处理,不同属性实体通过分层管理来体现。

地形图中的许多专业符号在 MapInfo 中都没有,但 MapInfo 提供有符号库,可将自己设计的点状符号存入 MapInfo 符号库中。利用 Windows 中的画笔创建位图。32 位的 MapInfo 其位图大小为 256 K,16 位的 MapInfo 位图大小为 64 K,影像格式仅为单色、16 色、256 色,位图必须存放在 MapInfo\Professional\CUSTSYMB 子目录下。

点符制作关键在于位图定位点的确定及符号尺寸的设置。地形图符号按所代表的地物或表现外形,可分为点状符号、线状符号和面状符号类。

点状符号表示不依比例尺的小面积地物和独立的点状地物。它具有符号图形固定、定位方向确切的特点。

(二)基本资料录入

1.公路设计资料导入

公路设计图一般都是由设计院用 AutoCAD 出的 dxf 格式的图纸。用 MapInfo 数据导入的方法将其转换成 MapInfo 格式的数据。

MapInfo 可以转入和转出多种系统的数据格式,其中较重要的一种是 AutoCAD 的 dxf。在转入 dxf 文件时应注意的是设置好坐标系统和单位,MapInfo 系统的缺省坐标系统是一种等距离圆柱投影,使用经纬度坐标系(longitude/latitude),坐标单位是度(degree),而我国大比例尺地形图多采用高斯投影和米制,因此应正确选择坐标系统,如在相应的选择中可选择 Gauss-Kruger(高斯-克吕格)或 Nonearth(非地球)和 m(米)。

转入 dxf 文件时,dxf 文件层对应 MapInfo 的表(层),在 dxf 转入信息框中可选择层逐次转入,而不必一次全部转入。如果系统转出 dxf,则一次转出一个层。

2. 属性数据录入

属性数据录入主要包括设计数据录入、施工过程数据录入、档案资料录入等。本系统采用了公路设计中的许多算法,对设计数据只需按要求录入基本数据,其他大部分数据都可由程序自动计算得出,从而减轻管理人员的工作量。档案资料的录入采用了扫描存档的方法。施工过程数据主要靠程序员键盘录入。

3. 多媒体数据录入

多媒体数据录入主要是指说明书及各种规范等文本文件、图像资料、影像资料等的录入。文本文件可通过扫描仪和汉字识别软件(OCR)将其转化为 HTML 格式的文件存入计算机。图像资料经扫描后按规定格式存入数据库中。影像资料转化成 AVI 格式文件后存入数据库。

第三节 公路工程监理信息系统实例

近几年来,我国公路建设的速度突飞猛进,建设费用惊人,在施工过程中如果没有完善的工程监理机制对合同工程进行现场综合监督管理,工程质量控制、进度控制、投资控制就无法保证,将会给公路建设造成无法弥补的损失。在这种情况下,某市公路管理局结合一项具体的公路工程项目,研制开发了公路工程监理信息系统。该系统的建立,改变了传统的管理模式,为公路工程施工管理提供了崭新的量化管理的科学手段,促进了公路工程的信息化建设。

一、系统概况

公路工程监理信息系统基于 MapInfo 软件平台,是一个具有多要素、多层次、多功能的为监理工程师服务的公路工程施工管理系统软件。它以 GIS 技术为基础,统一管理与公路工程有关的各种设计资料和施工资料。系统界面设计美观,图形显示直观,操作简单方便,功能完善,结构清晰,实现了公路工程施工管理中的路面、桥梁、涵洞设施等地理属性和管理属性的显示、查询、分析和图表输出等功能。系统以地形图、施工图、工程基本资料为依据,将各种数据放入数据库中,通过在系统地图界面点击地图的点、线、面等实体,获取实体属性及各种工程信息,具有较强的应用价值。系统结构图见附录一。

该系统具有以下特点。

(一)结构清晰、易理解、易维护

系统采用结构化设计,由几个可独立的子模块组成,各个子模块又由若干个较小的功能模块组成,从而给系统的维护带来方便。

(二)可视化管理、操作方便、易学易用

本系统将 GIS 技术与 MIS 技术相结合,实现了在电子地图上实时查询相关信息、进行空间分析和进度预测等功能。

(三) 多级保密体制

系统采用三级保密体制。一是用户登录时的保密;二是用户的保密;三是数据的保密(仅限于管理员)。三级保密体制,环环相扣,满足了不同级别、不同层次管理人员的保密需求。

(四) 系统的自我维护

系统的自我维护指用户使用了不正确的操作后系统进行提示、引导、纠正的功能。本系统建立了严密的容错机制,不管用户由于何种原因引起系统错误,本系统都会提示错误的原因及改正的措施,避免由于用户偶尔的错误操作导致严重的系统错误。

(五) 系统的实用性强

公路工程有几个合同段,计量支付和统计工作非常烦琐。最初,计量工作由几个人员共同完成都非常辛苦,在使用本系统后,只要一个人就可以轻松地完成计量和统计工作,提高了工作效率和管理水平,保证了计量工作的精确性和统计工作的及时性,并可辅助管理人员进行项目投资控制和信息查询,实现了投资控制的图表分析和动态控制等。

本系统能帮助监理工程师、业主和承包商对工程项目的质量、进度、费用三大目标和合同、信息两大管理进行有效的监控,减少工程建设的盲目性,避免因工程失控造成巨大损失,从而能够获得巨大的经济效益和社会效益。

二、系统运行环境

(一) 硬件环境

Pentium450 以上多媒体微机一台,要求 64 M 以上内存,15 寸以上彩色显示器,16 M 显存,10 G 以上硬盘;A3 幅面彩色喷墨打印机一台;A3 幅面扫描仪一台。

(二) 硬件建议配置

Pentium600 以上多媒体微机一台,要求 128 M 以上内存,21 寸以上彩色显示器,32 M 显存,30 G 以上硬盘;A3 幅面彩色激光打印机一台;A3 幅面扫描仪一台。

(三) 软件环境

操作系统:Microsoft Windows 98 或 Windows NT;
基础地理信息系统平台:MapInfo5.0,MapX3.5;
属性数据库:Ms Access97 ;
其他软件:Ms Excel、Ms FrontPage 等。

三、系统功能简介

该系统是为公路工程施工管理服务的,能够对输入的信息根据需要进行计算、统计分析、报表打印等。对图形进行漫游、放大、缩小、量算、分析、图形打印等。

系统主界面如图 4-10 所示。

(一) 系统基本功能

1. 数据输入

数据输入包括图像扫描输入、表格数据录入、设计数据录入、属性数据录入、文本资料

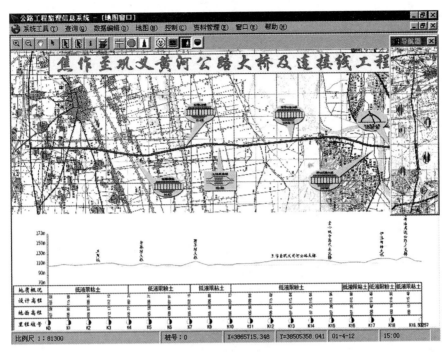

图 4-10 系统主界面

录入及施工现场采集数据的录入。

2. 数据输出

数据输出主要包括屏幕显示、文件保存和打印机输出。本系统对屏幕显示内容可直接打印机输出;对分析计算得到的结果可以文件形式保存;对查询、统计、分析所得的各种表格资料打印机报表输出,并可绘制指定区域的地形图、断面图。

3. 测量功能

测量功能是指对空间实体和实体间关系的几何测量,包括以下子功能:计算两点间的直线距离;计算两点间的曲线距离和折线距离;可近度分析;计算高程范围内任意区域的地表面积(场地清理)、体积及按给定高程后拉平区域所需的挖方、填方量。

4. 安全报警功能

对于工程施工中有规定施工期限或数量的项目,未到或超出施工期限或数量,系统会自动发出危险警告,并提示处理措施。

5. 数据编辑

数据编辑包括对各种数据的增、删、改,对对象的分解、合并,对指定区域的删、改等。

6. 地图操作功能

地图操作功能包括对图形进行任意放大、缩小、漫游、分层(类)显示等。

7. 查询分析功能

查询分析功能是对道路各部分具体属性进行定性、定量查询或模糊查询。例如:查询工程进程图表;查询任意指定地点的横断面图和纵断面图;查询任意代号或名字的桥涵属性;查询任意桥梁立柱的高度、材料、施工日期、进度、造价等属性;查询某日至某日施工的桥梁立柱根数及属性等。

（二）重点功能介绍

1. 公路纵、横断面图

选中工具条上横断面图按钮后，用鼠标在线路上单击，只要鼠标到线路的距离小于设定的值就可显示出公路在该点的横断面图，如图 4-11 所示为公路横断面图输出。公路纵断面设计与地面线测量数据都保存于数据库中，选择菜单"地图"中的"公路纵断面图"就可显示。如图 4-12 所示为公路纵断面图输出。

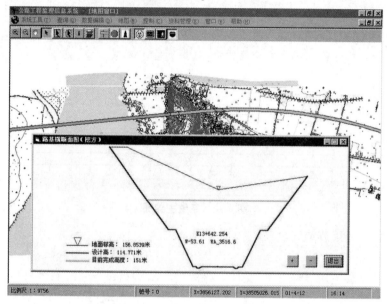

图 4-11　公路横断面图输出

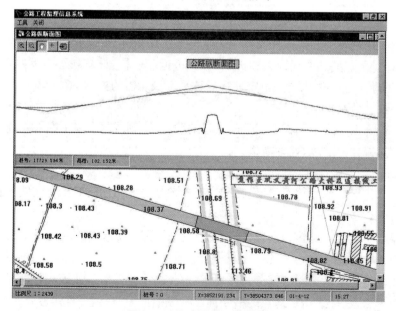

图 4-12　公路纵断面图输出

2. 变更资料管理

将变更资料直接输入数据库,通过数据库管理系统对变更资料进行重新组合计算,并自动更新变更后的地图资料库。如道路设计轴线的改变、道路宽度的变化、道路设计曲线元素的改变等。

3. 土方量计算

分别输入前后两点的桩号和目前完成标高,就可计算出该段公路土石方挖方、填方总量、目前已完成数量和剩余量,如图4-13所示。

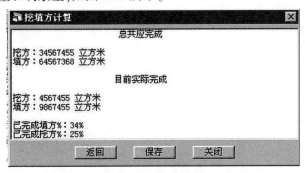

图4-13 挖填方计算结果

4. 施工放样检查

输入某一点桩号,可立即计算出该点的地面标高、断面设计标高及该断面填挖高度,如图4-14所示。在任一已知控制点上架设仪器,输入仪器高、照准点标高、实测水平角、垂直角、实测距离、检查点桩号,可立即计算出公路中线与设计值的偏差,如图4-15所示。

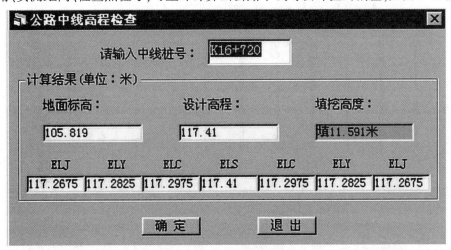

图4-14 公路中线高程检查

5. 统计图表

对工程进度根据进度统计分析可进行工程竣工时间预测;根据进度统计可编辑桥梁工程完成进度图,如图4-16所示;将当月完成情况与计划完成数量相比较得出的工程月进度完成情况统计图,如图4-17所示;对工程投资进行分析可统计出标段投资累计曲线图,如图4-18所示;也可统计出每个月所有标段的投资情况,如图4-19所示的工程投资统计图。

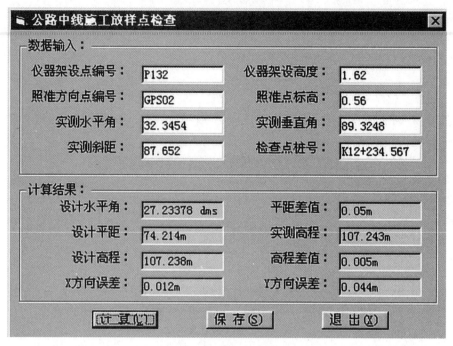

图 4-15　施工放样点检查

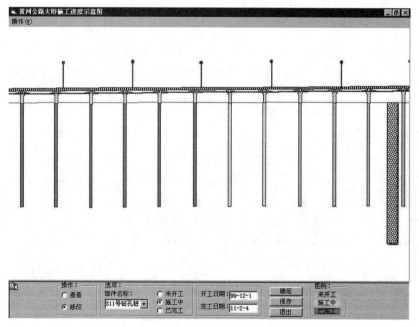

图 4-16　桥梁工程完成进度示意图

四、社会效益、经济效益分析

该系统完成后,其经济效益和社会效益是明显的。基本工程建设今后的趋势是科学性和先进性,该系统的运行提高了工程施工的科学性,保证了工程质量,增加了工程的高

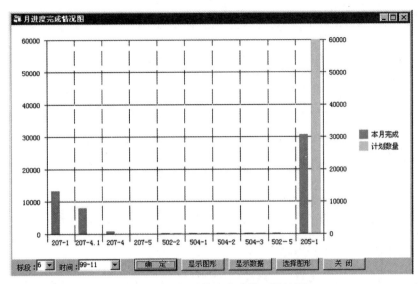

图 4-17　工程月进度完成情况统计图

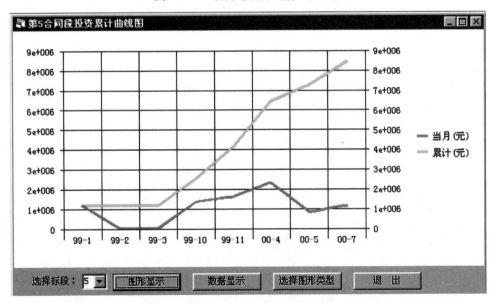

图 4-18　标段投资累计曲线图

科技含量;工程运营后,应用本系统可以实现动态管理,为工程施工合理安排提供了科学的、先进的手段。

本项目投产后,实现了工程施工的科学管理,能快速提供有关信息,提高了工程的决策速度并保证了工程质量,防止了重复劳动和无用劳动,增加了工程的高科技含量。对于一个大型工程项目来说,每提前一天完工,都可节省大笔费用。由于工程施工决策的科学化,工程施工的效率将提高 3%以上。该系统在全省、全国公路工程施工中将具有广阔的应用前景。

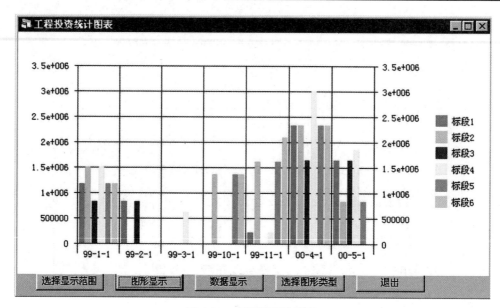

图 4-19　工程投资统计图

第五章　高速公路工程地理信息系统

第一节　概　述

高速公路是国民经济中的基础性设施,在国家经济建设的过程中起着举足轻重的作用。近些年来,高速公路建设在国家基础建设中所占的比重越来越大,全国性的高速公路网正在形成。但是,在公路项目的管理方面,目前信息化程度还不高,许多项目的管理还仅限于文字表格处理方面,采用文件式管理,查找十分不方便。涉及大量信息查询及信息处理,尤其是空间信息的分析处理,仍停留在传统图纸上,难以实现公路属性和空间数据的一体化综合处理和分析,不便于作精确和快速的定位、查找和量算,而且不便于经常和及时更新,更无法实现可视化和虚拟现实。

地理信息系统的推广普及给人们带来了全新的技术方法和观念。地理信息系统是在计算机软、硬件支持下,运用系统工程和信息科学的理论与方法,采集、存储、管理、分析、描述、显示及应用与空间和地理分布有关数据的空间信息系统。在信息产业中占据着重要的基础地位,其应用已深入到农业资源、森林、水利、城市建设、人口、环境仿真、移动通信、矿床地质和工程建设等多个领域。同样,作为国家基础设施之一的高速公路信息的现代化管理也离不开 GIS 技术的支持。在公路沿线,大中桥梁、互通式立交、分离式立交、涵洞、收费站、服务区等各种信息均和空间定位有关,因此以 GIS 技术为依托,借助计算机技术,建立高速公路地理信息系统,把与公路相关的数据信息化、数字化,实现从规划、建设、管理等环节上对公路工程进行数字化管理和实施,不仅是提高公路网的规划、设计、管理的重要途径之一,更是现行公路管理模式的必然要求。在学术界,一些学者借鉴"数字地球""数字城市"的叫法,已经提出"数字公路"的概念。"数字公路"主要指在公路建设、管理中,充分利用 GIS(地理信息系统)、GPS(全球定位系统)、RS(遥感系统)、MIS(管理信息系统)、DSS(决策支持系统)、专家系统、遥测、网络、多媒体及虚拟仿真等数字化信息处理技术和网络通信技术,对公路设施数据、运行状况等进行采集,将各种数字信息加以整合并充分利用,实现动态监控和辅助决策服务等。

高速公路工程地理信息系统是以数据采集、存储和管理为基础,把公路及沿线的附属设施数据、图件、视频图像、文字资料等各种信息映射到地图平台上,构建出集地理空间数据和公路属性数据一体化的"数字化公路",为公路项目管理提供操作平台和决策环境,实现数据的统一管理和高效利用。通过系统能够进行浏览、查询和分析等操作,直观地了解公路沿线的村庄、附属物、收费站、服务区、高速出口等信息,提高工作效率和管理水平。在计算机上对每一个结构物,如桥梁、涵洞、隧道、排水沟等,甚至桥梁墩台的结构、类型、不同地段路面的结构层等都要查看,实现施工过程的可视化管理。在该系统中,将所有信息用数据库进行管理,既保证了资料的安全可靠,又有效地提高了编程效率和系统的可靠性。

第二节　系统设计

一、总体结构

从高速公路数据特征和应用目标出发,以线路管理为主线,立足于整体,采用软件工程的结构化设计模式,将系统按照功能不同分解成相对独立的模块。设计时强调模块完整性与兼容性、功能的实用性、操作可视化,同时整个系统又是一个统一整体,各个模块之间通过数据库的数据实现有机的连接。总体结构如图 5-1 所示。

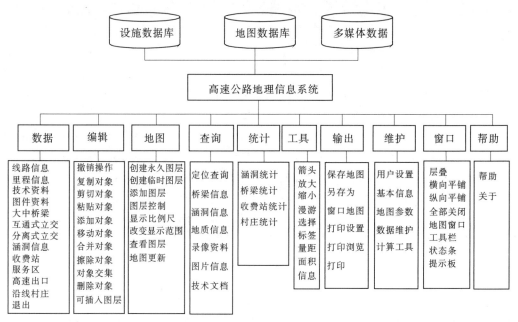

图 5-1　系统总体结构

系统主界面由菜单栏、工具栏、地图窗口、检索窗口、鹰眼、状态栏 6 部分组成,按功能要求划分为 10 个模块,有数据录入、转换和更新、资料保管、信息查询、统计分析、报表打印等功能。各个模块通过对数据库的操作、读取外部数据及系统内部的数据交换,达到数据管理、检索、处理和制图的目的。

二、功能设计

(一)基本功能

1.数据管理

数据管理:主要管理线路基本信息、结构物信息、图形图像、视频文件、地质信息、文档资料等数据,包括对数据库数据的导入、修改、删除,对技术文档、图形图件、视频数据的添加、删除、更换等功能。

2.地图管理

地图管理:更换地图;添加图层;自定义需显示的图层;对图层所有的图例、显示方式、标注进行修改;调整图层叠放顺序;对应不同的显示比例,显示不同的图层,如在大比例显示方式下显示文本注记、高程值、植被等信息。

3. 地图操作

地图操作:对地图进行任意放大、缩小、漫游操作;坐标显示;距离及面积量算;地图复制、保存及打印输出。

4. 图形编辑

图形编辑:可添加符号或文字注记(自定义样式);添加直线、折线、曲线(自定义样式);添加各种面区域目标(自定义样式)。

5. 信息查询

信息查询:具有多种查询方式,如条件查询、可视化查询、构造树查询、关键字查询等,可以方便直观地获取所需要的图形与数据信息。

6. 统计分析

统计分析:利用地图数据和数据库数据,进行统计分析,生成直方图等分析图件。

7. 成果输出

成果输出:主要包括屏幕显示、文件保存和打印机输出。可以对地图、图片图像、屏幕显示内容打印输出;对地图集合、显示地图以文件形式保存;对查询、统计、分析所得的各种表格资料打印输出。

8. 系统维护

系统维护:实现系统用户的权限管理、系统日志查询、数据库维护、系统参数设置功能。

9. 在线帮助

在线帮助:为了引导管理员和用户的正确操作,系统给出详细的在线帮助。

(二)特色功能

1. 图形与属性双向查询

实现对系统中各要素图形和属性的双向查询,利用空间对象的相互关系进行空间分析、查询统计,将图形管理和资料管理有机地结合起来。

2. 快速定位

系统实现对桥梁、涵洞、立交桥、里程桩等对象的快速定位。若某路段发生事故,用户只要输入正确的名称或数值,地图就可以快速定位在相对应的地理位置,浏览相关的地形地貌信息和设施属性信息。

3. 移动目标导航定位

如果在高速公路运行的移动车辆装载卫星定位系统,通过无线通信网络与系统连接后,能够在电子地图上实现车辆的实时定位。

4. 实时显示里程

在公路线路管理中,里程是重要的参数。当鼠标在电子地图平台上沿公路线移动时,在状态栏中能实时显示鼠标位置的里程值。

5. 鹰眼功能

公路线路具有线路长、跨度大的特点,通过鹰眼图能够实时了解地图窗口显示的地图区域在整个线路中的位置,并可以进行地图定位。

6. 再现线路实景信息

系统增加了多媒体功能,利用视频、图像影像等载体,可以使用户更直观全面地了解线路设施及沿线信息。

7. 最近出口查询

在电子地图上用鼠标沿着高速公路线点击任意位置,可以获取距离最近的高速出口信息。

8. 沿线村庄距离查询

在电子地图上沿着高速公路线用鼠标点击任意位置,可以获取沿线村庄的距离及方位信息。

9. 用户权限管理

管理用户登录系统并验证用户身份。一个有效的用户由两部分组成:用户名称和用户口令。系统内的数据、地图、图件具有宝贵价值和保密性,为了保证系统的安全,只有授权用户才可以对系统操作具有控制权,查询、编辑或删除系统数据。

10. 数据库维护与安全

- 口令进入:只有系统管理员与合法用户可以访问系统数据库。
- 数据备份:对数据库中的所有资料提供了硬盘备份功能。
- 数据库压缩:由于对数据记录经常的修改,数据库中的记录会产生大量的冗余,使用该项功能可对数据库进行整理,提高数据库查询速度。
- 数据库修复:对于突然断电、关机或死机等意外情况造成正在使用的数据库出错、损坏等问题,使用该项功能可使数据库恢复正常。
- 数据库清空:利用该功能,可以使本系统返回到初始状态。

三、数据库设计

公路数据库是高速公路地理信息系统的基础。系统的各项功能实现都需要以数据库为核心进行数据的交流和传递。系统从数据库中提取所需要的数据进行数据处理、显示、分析和统计等操作。

(一)数据整理

通过分析,系统数据主要包括:公路设施数据、带状地图矢量数据、技术资料、图片录像及用于提高系统查询速度和进行用户管理的辅助数据。数据的结构规律是以公路干线为脉络,沿线分布了附属设施和带状地图的数据。从内容上看,系统数据以 5 类形式存在。

(1)公路设施数据:公路附属设施包括桥梁、涵洞、收费站、服务区等,其属性数据有名称、尺寸、设计图纸、地质结构等,对管理者很重要,需要重点考虑,并且要能够跟其他数据协调工作。

(2)带状地图数据:相较之下,带状地图数据比较复杂。原始矢量数据为 dwg 文件,有多个图层,每个图层的边界范围都是同一区域。另外,地图中各图层含有的对象数极为不均匀。根据经验,一个地图中的层数过多和过少,都会导致显示及查询效率降低。因此,数据要进行适当的分割和合并,重新组织和调整。对于这部分矢量数据,从两个方面进行考虑:一个是横向上的区域分割与合并;另一个是纵向上的图层分解与合并。

在横向区域方面,由于原始数据 dwg 文件众多,实际处理时,根据数据的特点对同类型图层在导入时进行了合并处理。

在纵向图层方面,导入进来后,图层数很多。再通过把多个同类和只在极小类别上有差异的小数据集(对象少)合并成一个较大数据集的方式,进行两次合并处理,带状地图图层数最后变为几个。这样,就为后面控制总图层数的前提下,在一个地图中加入其他图层留下了较大的空间。

(3)技术资料:包括与公路有关的各种文档资料,如技术方案、竣工成果、技术总结等,一般以 word 或 excel 文件格式存放。

(4)图片录像数据:这类数据的特点是数据量大,因此需要大容量磁盘,同时需要较高的访问速度。

(5)辅助数据:这类数据存在的目的是辅助提高系统性能,方便系统开发,同时包含一部分全局性的数据,用于满足一些全局性的功能,如系统管理、检索等。这类数据的很多内容需要根据原始数据通过系统二次生成。

(二)数据组织

在 GIS 系统开发中,数据组织、数据处理及地图整饰是紧密相关的,它们都服务于一个中心目标——系统的高效运转,并且都要基于具体基础软件的特点来实施。数据组织这个步骤并不仅仅是其本身,也是系统设计的核心组成部分。因此,必须在系统设计的框架下进行前后关联考虑。

结合前面的分析,为了便于以后维护备份方便,将数据信息分成 5 个数据源:图形数据库、属性数据库、技术资料、多媒体数据库与辅助数据库。图形数据库包括地形、地貌、村庄、公路附属设施(公路桥梁、涵洞、里程桩、收费站、加油站、服务区等)的空间信息,以矢量图形、栅格图像形式存在;属性数据库包括公路路线的名称、起止点的位置、公路等级、附属设施的属性信息;辅助数据库包括数据字典、用户信息、账号、日志、中间操作数据等,用关系数据库管理。这几个库并非相互独立的,而是通过关键字建立连接关系。

1. 地图数据

本系统中地图数据组织的目标是,通过合理控制地图尺寸和图层数,以达到最佳的显示浏览效果。既要追求地图浏览速度,同时要保证地图图像的内容、质量和美感,为用户提供实用和高质量的地理信息服务。

由于公路工程项目涉及的区域相对较窄,呈狭长状分布,所以地图空间数据常采用平面直角坐标系,一般为 1954 北京坐标系或 1980 西安坐标系,点位坐标是 3°或 6°带的高斯平面直角坐标。而 GIS 软件的默认坐标系一般为大地经纬度坐标系,所以在本系统地图处理中,必须重新定义地图投影和地图坐标系。

带状地形图一般是以 dwg 格式提供的,如果采用 MapObject 控件开发系统,设计图文件不经转换可以直接读取;如果采用 MapX 控件,则需要通过转换工具转换为 MapInfo 格式后才能够使用。

GIS 软件一般采用层的概念来组织和管理空间数据,即将一幅数字地图分成多个叠加的图层,每个图层由点、线、区域或文本等图形对象组成,每个图形对象代表特定的地物。这种地图分层技术可以将复杂的地图简单化,而且以单一图层作为处理单位,也使系统具有很大的灵活性,但图层太多时,显示速度就会受影响,管理起来也不方便。因此,在本系统中,为了减少图层数量,作为基础底图的中小比例尺地图不再分层,只把带状地形图按照公路中线、公路用地、桥梁、涵洞、房屋、房屋附属物、道路、道路附属物、水系、水系附属物等分层。为了识别空间数据,还要对每一层内的要素进行编码,编码方法参考国家标准《国家基础地理信息数据分类与代码》。

初始地图是范围覆盖所有线路的地图,以地理坐标系形式存在,主要包括行政区域、矢量数据范围网格和全部设施分布信息。

2. 附属设施数据

公路附属设施如公路桥梁、涵洞、里程桩、收费站、加油站、服务区等,系统附属设施数据库包括公路路线的名称、起止点的位置、公路等级和附属设施的属性信息,采用数据库管理,应用程序通过数据访问组件 ADO 操作这些数据。数据表由附属物的名称及属性信息构成。

1)公共数据集

公共数据集包括公路线代码及名称、设施类型及名称、设施里程数据、设施坐标数据等字段。这类数据用于系统快速查询和地图快速定位,比如当用户从线路组合框中选择了某一立交桥时,该立交桥上所有属性都应被自动加在立交桥组合框中,而这个步骤是通过立交桥表完成的。立交桥表中同时含有立交桥名称和坐标数据,可以直接取出,以提高立交桥在地图上的定位速度。

2)设施数据

设施数据分大中桥梁、互通式立交、分离式立交、涵洞、通道、收费站、服务区、高速出口、沿线村庄等 9 个表,详细程度到设施的"尺寸"。设施数据是点类型的数据,为查询定位方便,入库时设置一个字段存放设施所属里程值,增加另外两个字段存放直角坐标信息(X、Y)。设施的设计图纸、地质勘探图纸以矢量图形式存在,通过附属设施识别码与带状地形图和属性表相关联。

3. 文档资料数据

文档资料数据包括与公路有关的各种文档资料,以 word 或 excel 文件格式存放在系统不同的目录,通过系统编程直接调用 Microsoft word 或 excel 软件可以管理这些资料。

4. 多媒体数据集

多媒体数据集包括与高速公路有关的照片、录像,文件数多,数据量大。为了加快处理速度和避免出错,导入之前,应事先把一些文件压缩处理,并把不同的多媒体文件整理存储在不同的目录。这样能够大大地节约磁盘空间,也为后期成果备份和数据迁移提供了良好的基础。

5. 辅助数据

1) 系统管理数据

系统管理数据,如用户名、ID、登录信息、个人操作的内容、修改的几何对象等。

2) 中间数据

此类数据是为实现某些系统功能、方便系统编程临时存在的数据。

第三节　系统实现技术与方法

高速公路地理信息系统的开发以 GIS 软件为地图开发工具,充分发挥各种工具与开发语言的特点,优势互补,使本系统的研制与开发保持高效率,并且灵活、方便,易于移植和代码的再利用。

一、GIS 控件技术

市场上商品化的 GIS 平台,国外主要有:ESRI 产品(ARC/INFO、Arcview SDE、MapObject 等),Intergraph 产品系列(MGE、Microstation),MapInfo 产品(MapInfo、MapX 等),GDS(Graphic Data Syetems)等,国内主要有 MAPGIS、Geostar、MapCad 等。随着 GIS 技术的发展,GIS 正朝着分布式、模块化或部件式的方向发展。部件对象模型技术的核心是软件厂商为用户提供控件 ocx 或 ActiveX 模型。用户可以利用 VB、VC 或 DEIPHI 等开发语言,通过集成开发商提供的控件开发自己的应用系统。目前一些大的 GIS 软件商都在向用户提供控件,如 ERSI 公司的 MapObject,MapInfo 公司的 MapX,Intergraph 提供的 geomedia 。这些控件提供了强大的图形管理和编辑功能,可直接嵌入到高级语言中由其调用,并支持外部数据库的挂接,为专题 GIS 的开发提供了高效而适用的工具。

采用控件开发的 GIS 应用软件有以下优点:

(1)可以用自己开发的界面代替专业 GIS 软件的界面,降低了用户操作的难度。

(2)发布软件时,只需捆绑控件发布,无须安装专业的 GIS 软件,降低了企业应用的成本。

(3)对不同的用户可以定制不同的界面。

(4)可以方便地移植到 Internet 和 Intranet 上。

二、数据绑定技术

系统采用 VB、ADO 和 DAO 数据控件,直接与 Access 2000 数据库连接,实现数据录入、修改、删除、浏览操作。图 5-2 是 VB 与数据库连接的图解。

DAO 和 ADO 是 VB 支持的数据绑定控件,可直接与数据源交互。绑定是连接可视化控件(如文本框、列表框等)与数据表中字段的过程。通过数据控件,在可视化界面上支持数据表在记录之间移动。采用控件绑定的开发方式,最突出的优点是减少代码编写量,程序优化且可扩充性强。

三、里程关联技术

公路信息数据包括空间数据和属性数据。空间数据是指电子地图中所包含的各类信

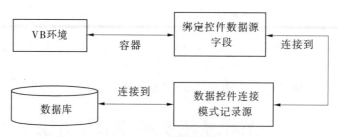

图 5-2　VB 与数据库的连接

息,如路线、桥梁、收费站点、服务区的地理信息。以图层形式来体现,属性数据主要是指描述公路的技术等级、路面性能等的公路管理数据,一般通过公路里程桩号进行管理。由于系统要求选择查询路段或桥梁等图形对象时,能够将属性信息和空间信息同时显示,因而必须解决公路、桥梁等对象的地理特征即空间数据及其属性的存储、显示、查询和分析之间的关系。公路作为一系列空间实体集,通过公路里程建立空间要素与属性信息之间的相互关系,可以避免属性信息的相互重叠,便于各种数据的存储、管理和分析。

四、检索与查询技术

利用 GIS 的图形和 SQL(structured query language)数据查询语言技术,以及 VB6.0 的数据开发技术,系统可实现可视化检索与查询。图形显示的基本内容取自图形库,通过控件选择需要的图形。图形操作是通过鼠标对图形图像的放大、缩小、移动等来传递的。当前鼠标位置动态显示平面坐标,用户可准确地定位。检索桥梁是通过操作菜单,并根据选择条件,地形图做相应的变化,用鼠标在地图对象上点击获取桥梁的有关信息。

五、面积计算数学模型

多边形面积计算公式为

$$S = \frac{1}{2} \times \sum_{i=1}^{n} (x_i z_{i+1} - z_i x_{i+1}) \tag{5-1}$$

式中:n 为多边形边数;x_i、z_i 为多边形各折点坐标,$x_{n+1}=x_1$,$z_{n+1}=z_1$。

六、公路中线里程值实时显示算法

在公路 GIS 中,隧道、桥梁、涵洞、排水槽等的具体位置都是通过公路中线里程桩(桩号)来确定的,为将这些目标标定在图上或在图上实时显示里程桩号,必须将桩号换算成地图坐标或将里程桩在地图上的位置坐标换算成桩号。所以,里程值的实时显示是一项重要功能。所谓公路里程值实时显示,是指在公路地理信息系统中,沿着电子地图上的公路中线移动鼠标,实时显示出鼠标位置的里程值。这一功能的实现能够为空间分析提供定位服务。这里介绍公路 GIS 系统中公路中线里程值实时显示功能实现的原理和算法。

(一)实现原理

公路桩号的实时显示是通过鼠标沿公路线的移动实现的,其具体实现过程如图 5-3 所示。

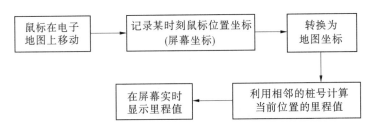

图 5-3　桩号显示实现过程

在 VB 中有关鼠标的事件有三个,包括 MouseDown 事件、MouseUp 事件、MouseMove 事件,参数都包含(Button, X, Y)。其中 X,Y 为事件被激活时鼠标位置的屏幕坐标。

所以,当鼠标在地图上移动时,将激活 MouseMove 事件。通过参数 X,Y 可以传递鼠标的当前坐标。但是,得到的坐标为屏幕坐标,需要进行坐标转换。借助于 ActiveX 控件 MapX 的 ConvertCoord 方法可以把屏幕坐标(X,Y)转换成地图坐标(MX,MY)。

在公路线路中,公路中线的每个拐点处都设有里程桩,桩号用里程值表示,如 K15+123.745。在地图上每个里程桩对应着一组坐标值,所以可以建立一个数据结构如表 5-1 所示的数据库。

表 5-1　公路拐点数据结构

桩号	MX	MY	…
K15+123.745	3 860 324.756	38 504 321.432	…
⋮	⋮	⋮	⋮

通过调用数据库,可以实现地图坐标与公路里程桩的关联。直线段可用内插的方法,缓和曲线和圆曲线段上的点则必须通过公式计算的方法解决,这样才能得到公路中线上任意点准确的里程值并且实时显示。

(二)利用相邻点桩号计算鼠标点桩号模型

如图 5-4 所示,设光标点坐标为 $M(x,y)$,首先判断 M 点是否在线段 AB 所形成的外接矩形内。若是,计算点 M 到直线的距离 d,并认为鼠标 M 在直线上垂足的位置就是光标在该段轴线上的位置;若不是,判断下一条直线的外接矩形,直到判断出,如果 M 点不在所有外接矩形内,则认为光标不在公路轴线上,不用计算公路桩号。在外接矩形中,为了防止水平方向和垂直方向的直线无法形成外接矩形,可将直线起点坐标(x_1,y_1) 改为 (x_1+1,y_1+1),将直线终点坐标(x_2,y_2) 改为 (x_2-1,y_2-1)。

计算点 $M(x,y)$ 到直线段(x_1,y_1),(x_2,y_2) 距离 d 的计算公式为

$$d = \frac{|(x-x_1)(y_2-y_1)-(y-y_1)(x_2-x_1)|}{\sqrt{(x_2-x_1)^2+(y_2-y_1)^2}} \tag{5-2}$$

为了加快计算速度,在计算时直接求距离的平方 D 作为阈值。式(5-2)改为

$$D \leqslant d^2 = \frac{[(x-x_1)(y_2-y_1)-(y-y_1)(x_2-x_1)]^2}{(x_2-x_1)^2+(y_2-y_1)^2} \tag{5-3}$$

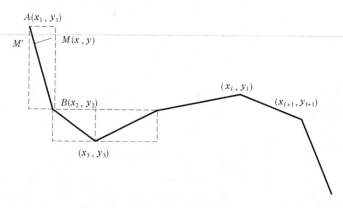

图 5-4 计算光标在公路轴线上的位置

当式(5-3)在 A、B 点成立时,求出直线段 MM'、MA 及 AM' 的长度。从数据库中调出 A 点的桩号后加上 AM' 的长度就得到 M' 点桩号的里程值。

(三)设计算法

(1)使数据库中的数据记录按桩号从小到大排序。

(2)编程使数据库与应用程序相连接,应用程序可以调用数据库的数据。

(3)查找与鼠标当前位置相邻的两个里程桩。

如图 5-5 所示,M 点为鼠标沿公路线移动时某时刻的位置,屏幕坐标设为 (X_0, Y_0),转换为地图坐标 (MX_0, MY_0);A_i,A_{i+1} 为中线上的任意两个里程桩,地图坐标设为 (MX_i, MY_i),(MX_{i+1}, MY_{i+1})。

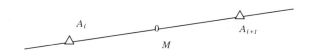

图 5-5 鼠标位置与相邻里程桩的关系

首先比较 MX_i 与 MX_{i+1}、MY_i 与 MY_{i+1} 的大小,得到:

$$\max\{MX_i, MX_{i+1}\}, \min\{MX_i, MX_{i+1}\}, \max\{MY_i, MY_{i+1}\}, \min\{MY_i, MY_{i+1}\},$$

然后根据条件:

$$\begin{cases} \max\{MX_i, MX_{i+1}\} > MX_0 > \min\{MX_i, MX_{i+1}\} \\ \max\{MY_i, MY_{i+1}\} > MY_0 > \min\{MY_i, MY_{i+1}\} \end{cases}$$

来判断 M 点是否在 A_i、A_{i+1} 之间,若条件不符,循环查找下一个,直到找到符合条件的里程桩,即与鼠标当前位置相邻的两个里程桩。

(4)计算鼠标当前位置的里程。

如果鼠标当前位置恰好位于公路中线上,可利用式(5-4)计算里程值。

$$M \text{ 点里程} = A_i \text{ 点里程} + |A_i M| \qquad (5\text{-}4)$$

但一般情况下,鼠标的位置与公路中线有偏差,如图 5-6 所示鼠标位置位于公路中线附近的 M' 点。

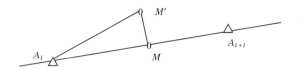

图 5-6　鼠标位置不在公路中线上

这种情况要利用式(5-5)计算里程值：

$$\begin{cases} \overrightarrow{A_iM} = \overrightarrow{A_iM} - \overrightarrow{M'M} \\ M \text{ 点里程} = A_i \text{ 点里程} - |A_iM| \end{cases} \tag{5-5}$$

并且在计算里程值时应该对鼠标位置到公路中线的距离$|M'M|$有一定的限制,仅在指定区域内计算和显示里程值,在其他区域不计算和显示。所以,编程中需要给定一个阈值,如 2 mm。

(5)显示里程。

在电子地图上移动鼠标,事件激活,程序计算鼠标位置的里程并显示。

(四)算法实现

(1)在模块中编制比较坐标大小的子程序和点到直线距离的函数。

排序子程序：

```
If X1 <= X2 Then //按从小到大排序
     a1 = X1
     a2 = X2
  Else If X1 > X2 Then
     a1 = X2
     a2 = X1
  End If
```

计算点到直线的距离(取平方)函数：

```
Dim A As Double
Dim B As Double
Dim C As Double
     A = Y2−Y1
     B = X1−X2
   C = X2 * Y1 − X1 * Y2
  DX_Distances = (A * x0 + B * y0 + C) * (A * x0 + B * y0 + C) / (A * A +
B * B)
```

为提高运算速度,只计算点到直线距离的平方。

(2)在鼠标事件加入下列代码,实现里程计算和显示功能。

```
Dim mx, my, As Double
Dim x1#, x2#, y1#, y2 As Double
```

```
    Dim a1#, a2#, b1#, b2 As Double
    Dim Zh#, mm1#, AM#, AM1 As Double
        Map1. ConvertCoord x, y, mx, my, miScreenToMap
        rs. MoveFirst
    While Not rs. EOF        在数据库中循环查找相邻两个里程桩
        zh = rs. Fields("桩号")
        x1 = rs. Fields("X 坐标")
        y1 = rs. Fields("Y 坐标")
      rs. MoveNext
    If rs. EOF Then GoTo beepf
        zh1 = rs. Fields("桩号")
        x2 = rs. Fields("X 坐标")
        y2 = rs. Fields("Y 坐标")
    Taxis x1, x2, a1, a2      X 坐标排序
    Taxis y1, y2, b1, b2      Y 坐标排序
        If a2 < mx And mx < a1 And b2 < my And my < b1 Then
            mm1 = DX_Distances(x1, y1, x2, y2, mx, my)′点到直线距离
        If mm1 <4 Then              计算里程值
            AM = (x1 - mx2) * (x1 - mx2) + (y1 - my2) * (y1 - my2)
            AM1 = Sqr(AM - mm1)
            zhh = zh + AM1
        zha = "K" & Int(zhh / 1000) & "+" & Int((zhh - Int(zhh / 1000) * 1000)
* 1000) / 1000
            statusbar1. Panels(2). Text = "桩号:" & zha    在状态栏内显示里程值
            End If
        End If
      Wend
  beepf:
```

在与公路工程结合的 GIS 软件中,公路里程的实时显示是一项重要功能。本书提出的算法对于公路的直线段非常有效,能够得到比较准确的里程值;但对于曲率较大的曲线段,只能得到近似值,可用于概略定位。

七、数据库接口实现

VB 在数据库应用开发方面的能力十分强大。微软设计了多种数据库访问方法,本系统与数据库联接方面使用的是 DAO 控件。DAO 最适用于单系统应用程序或在小范围本地分布使用。其内部已经对 Jet 数据库的访问进行了加速优化,而且使用起来也是很方便的。

VB 已经把 DAO 模型封装成了 Data 控件,它是 VB 中访问数据库的重要控件,使用它能够方便、快捷地完成对数据库的访问。分别设置相应的 DatabaseName 属性和 Record-Source 属性就可以将 Data 控件与数据库中的记录源连接起来了。以后就可以使用 Data 控件来对数据库进行操作。其实现过程如下:

首先添加 DAO 控件,之后指定路径及表名。

```
Data1. DatabaseName = App. Path + " \point. mdb"
Data1. RecordSource = "CLXT"
```

之后在文本框中输入更新内容点击"添加"按钮。

```
Data1. Recordset. AddNew
```

更新的方法:

```
Data1. UpdateRecord
  Data1. Recordset. Bookmark = Data1. Recordset. LastModified
```

删除功能的实现:

```
Data1. Recordset. Delete
  Data1. Recordset. MoveNext
  If Data1. Recordset. EOF Then
  Data1. Recordset. MoveFirst
    If Data1. Recordset. BOF Then
      cmdDelete. Enabled = False
    End If
  End If
```

八、地图操作功能的实现

地图浏览所涉及的放大、缩小、漫游通过如下方法实现:

```
Map1. CurrentTool = miZoomInTool          //放大
Map1. CurrentTool = miZoomOutTool         //缩小
Map1. CurrentTool = miPanTool             //漫游
```

MapX 为多个常用地图化工具提供了内置支持,编辑工具使用户能在地图图层中创建和修改图元。有 4 种标准的对象创建工具:添加点、添加线、添加折线和添加区域。这些工具把新的图元添加到那些用 Map. layers. InsertionLayer 属性指定的任一图层上。只能有一个插入图层,缺省值是无。当没有插入图层而把当前工具设置成对象创建工具时将会导致错误。列举其中添加折线实现过程如下:

```
Dim lyrInsertion As MapXlib. Layer
Set lyrInsertion = Map1. Layers("临时")
lyrInsertion. Editable = True
Set Map1. Layers. InsertionLayer = lyrInsertion
Map1. CurrentTool = miAddPolylineTool
```

九、图元查询分析

查询方式有图形查属性、属性查图形、模糊查询与定位查询等多种方式。图形查属性方式是通过鼠标点取屏幕上图形，然后搜索并显示其对应的属性记录。在控件 MapX 实现过程中，用 Layers 对象方法创建 Feature 对象的集合。捕捉图形时 Layers 的 SearchWithinDistance 方法。属性查询图形方式即根据属性查询表达式 SQL 语句，查询相关的属性记录，并把其对应的图形着重显示(填色或闪烁)。模糊查询是在属性查图形的 SQL 语句中扩充一模糊表达式，然后进行操作。定位查询是在属性查询图形的基础上，增加限制查找的地理范围。

Features 对象的方法是可以"标记"或选择符合特定条件的图元。地图上表示任何一个控制点就是一个 Feature 对象的示例。假设需要查找所有在该点周围某一范围内的其他控制点。一旦创建此数据集合，就可以通过收集的数据来完成一组操作，如打印数据、取平均值、计算有多少符合条件的数据，并将它们保存到文件中，或者执行其他任务。这可以通过表 5-2 方法获取 Features 集合。

表 5-2　获取 Features 集合示例表

方法	描述	代码示例(Dim fs as Features 创建 Features 集合)
AllFeatures	返回图层中包括所有图元的 Features 集合	Set fs = Map1.Layers(2).AllFeatures
NoFeatures	返回图层的空 Features 集合	Set fs = Map1.Layers(9).NoFeatures
SearchWithinDistance	返回在指定点对象周围的某个范围内图元的 Features 集合	Set fs = Map1.Layers(3).SearchWithinDistance (objPoint, _36.5, miUnitMile, miSearchTypeCentroidWithin) Set fs = Map1.Layers(3).SearchWithinFeature _
SearchWithinFeature	返回由另一指定区域图元中图元组成的图元对象	(ftr, miUnitMile, miSearchTypeCentroidWithin)
SearchWithinRectangle	返回在指定矩形边界中的图元集合	Set fs = Map1.Layers(3).SearchWithinRectangle(miRect, _miUnitMile, miSearchTypePartiallyWithin)
SearchAtPoint	返回由指定点处图元组成的图元集合	Set fs = Map1.Layers(3).SearchAtPoint (objPoint)

还可以通过 MapX 的选择图元的功能在地图上执行操作，如选择以某点为圆心的一定半径范围内的所有图元。所选图元将在地图上高亮显示出来，或者是指定矩形区域的图元高亮显示，示例如表 5-3 所示。

表 5-3　Selection **集合方法示例表**

方法	描述	代码示例
SelectByRectangle	选择矩形中的图层图元	Map1. Layers（5）. Selection. Select ByRectangle 98.7,31.56,-75.14, 42.9, miSelectionRemove
SelectByRegion	选择区域内的图层图元	Selection. SelectByRegion Layer, FeatureID, Flag

分析功能主要是提供给定区域中的控制点数量统计,或者缓冲区分析。例如:如果测量人员在测量工程规划阶段希望知道某一区域有多少控制点,就可以利用系统中的查询分析工具选取目标区域从而得出该区域所包含的控制点信息。也可以定义分析某特征线或者特征区域附近的控制点分布情况。

十、输出功能实现

输出方式有输出为图像文件、输出为表文件两种。

(1)当生成图像文件时比较简单,因为这种方式不是很常用,这里只做简要说明。要将图元输出为图像文件,可应用 MapX 的 ExportMap 方法,而这一方法可通过输出为图形文件,或将图形内容复制到剪贴板两种方式来实现,只不过在本方法中需正确选择对应参数。该方法的主要参数包括输出方式选项、输出格式常数及输出图像尺寸。其中输出方式选项,可以为图形文件(图形文件名),如"d:\shange. BMP",也可以为剪贴板选项,"clipboard"。而图像格式常数,指定了最终输出的图像文件格式,如输出为位图文件时,选择常数 miFormatBMP,MapX 共可输出图形文件格式有元文件(WMF)、位图(BMP)、JPEG 图像、TIF 图像、GIF 图像、便携网络图形(PNG)、PhotoShop 格式文件(PSD)。图像尺寸,用于指定输出图形的大小,这项是可选的,可以给出,也可以不给出,不过 MapX 中给定的输出图像的宽度和高度之比必须和地图的宽高比相同。

示例:将长 12 cm、宽 9 cm 的地图以 BMP 格式输出到文件:

Map1. ExportMap " d:\shange. BMP ", miFormatBMP, 12, 9

(2)输出为表文件的思路为将 MapX 中所选图元输出为表文件,可使用 MapX 对象模型的 LayerInfo 对象来完成,LayerInfo 对象是第一个传递给 Layers. Add 的参数,传递给 Layers. Add 的 LayerInfo 对象说明/定义要添加的图层。指定 LayerInfo 的相关参数,即可在添加图层的同时创建表文件。简要实现过程如下所述。

a. 遍历所有图层:

nLayer = Map1. Layers. Count

For Each aLayer In Map1. Layers

b. 利用 aLayer. Selection. Clone 复制选中的所有图元。

c. 生成新表的列结构并采用与当前图层相同的列结构。

d. miLayerInfoTypeNewTable 指定创建永久表。

(3)通过以上功能可以把地图输出为栅格图像,又因 Map 控件可以直接读栅格格式的图像,把它嵌入单独创建的另一窗体(Form),并把该 Form 与查询中的记录链接,通过点击快捷键就可读入相对应的点之记图。

十一、鹰眼图的制作

鹰眼图又名缩略图,是电子地图的一个辅助功能,通过它能够察看主地图窗口所显示的地图内容在整个线路中的位置,当点击鹰眼图某处时,主地图窗口的地图也能移动到对应的位置,从而实现地图的快速查看。公路的带状地形图一般很长,在公路类的 GIS 系统中增加鹰眼导航功能是非常必要的。

鹰眼图是显示全部线路的地图,可以采用包含整条线路的航片、卫片或中小比例尺地图制作。在系统运行中,主地图是在主窗口显示,而鹰眼图是在窗体的其他部位显示,所以要解决两个地图之间怎么控制的问题。其实现思路是:在一个窗体中创建 Map1、Map2 两个 MapX 控件,分别控制主地图和鹰眼图,然后在鹰眼图上创建一个图层,用来添加一个表示主地图范围的矩形框,该矩形框的大小和位置随着主地图边界的变化而变化。这个过程在 Map1. MapViewChanged 事件中触发。当主地图发生变化时,即主地图的视野发生变化,Map1 控件发出消息,调用 MapViewChanged( )函数,从而通知鹰眼图 Map2 控件来改变矩形框。

部分实现代码如下:

```
Dim tempFea As MapXLib. Feature //声明 Feature 变量
Dim tempPnts As MapXLib. points//声明 Points 变量
Dim tempstyle As MapXLib. Style//声明 Style 变量
Dim rect As New MapXLib. Rectangle
Dim ftrs As Features
Dim ftr As Feature
If m_Layer. AllFeatures. Count = 0 Then
//设置矩形边框样式
 Set tempstyle = New MapXLib. Style //创建 Style 对象
 tempstyle. RegionPattern = miPatternNoFill//设置 Style 的矩形内部填充样式
 tempstyle. RegionBorderColor = RGB( 0, 0, 255) //设置 Style 的矩形边框颜色
  tempstyle. RegionBorderWidth = 2//设置 Style 的矩形边框宽度
  //在图层创建大小为 Map1 的边界的 Rectangle 对象
  Set tempFea = Map2. FeatureFactory. CreateRegion( Map1. Bounds, tempstyle)
   Set tempFea = FrmNavigation. Map1. FeatureFactory. CreateRegion ( Map1.
Bounds, tempStyle)
  Set m_Fea = m_Layer. AddFeature( tempFea) //添加矩形边框
 Else
 //根据 Map1 的视野变化改变矩形边框的大小和位置
  With m_Fea. Parts. Item( 1)
    . RemoveAll //除去已有的矩形边框的顶点
    //添加大小和位置已变化的矩形边框的四个顶点
```

```
                . AddXY Map1. Bounds. xmin, Map1. Bounds. ymin
                . AddXY Map1. Bounds. xmax, Map1. Bounds. ymin
                . AddXY Map1. Bounds. xmax, Map1. Bounds. ymax
                . AddXY Map1. Bounds. xmin, Map1. Bounds. ymax
            End With
        End If
            m_Fea. Update//更新显示
```

十二、缓冲区分析

缓冲区分析是对图层中的点、线、面对象,自动建立其周围一定宽度的缓冲区。缓冲区的生成可以用 MapX 的 FeatureFactory. BufferFeatures 方法来实现。首先定义 1 个 FeatureFactory 变量,然后使用其 BufferFeatures 方法,格式如下:

FeatureFactory. BufferFeatures(Source, Distance, [Unit], [Resolution])

其中 Source 是需要进行缓冲分析的图形元素,Distance 用于设定缓冲区的大小,Unit 设定 Distance 参数的单位,Resolution 是一个正整数,用于设定缓冲边界的光滑程度。

十三、专题图的实现

专题图可以把抽象的数据转化为直观的图形,不仅可以对数据值进行分析,还可以对数据的空间分布进行分析。专题图的制作建立在数据绑定基础上,MapX 专题图的对象如图 5-7 所示,Legend 对象用于修改专题地图的图例,Themeproperties 用于修改专题图的显示属性。

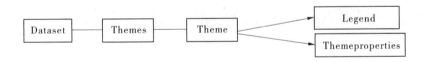

图 5-7　MapX 专题图的对象关系图

如果在桥梁分布图上添加了数据集 Dataset,并且属性字段中有"类型",则可以通过以下语句生成桥梁分布独立值专题图。

Dataset. Themes. Add(miThemeIndividualValue,"类型"桥梁分布独立值专题图")。

十四、地形图数字化方法

下面介绍利用 MapInfo 操作平台进行地形图扫描矢量化的方法。

(一) 空间数据的分层与编码

空间数据可按某种属性特征形成一个数据层,通常称为图层。图层是描述某一地理区域的某一(有时也可以是多个)属性特征的数据集。因此,某一区域的空间数据可以看成是若干图层的集合。

原则上讲图层的数量是无限制的,但实际上要受 GIS 数据结构、计算机存储空间等的限制。通常按实际需要对空间数据进行分层。

为便于进行各种查询和制作专题图,将地形图数字化时进行了分层和编码处理。例如:系统可以采用表 4-1 的分层和编码方法。

（二）扫描要求与符号制作

MapInfo 除了可以接收 TAB、XLS、DBF、MDB 等矢量数据外,还可以接收 BMP、TIF、GIF、JPEG、BIL、MIG、PCX、PCT 等栅格图像格式,在 MapInfo 中,在矢量地图可以附加数据,而栅格图像不行。但栅格图像可显示为一个图层,用来作矢量地图图层的背景,因为它能提供比矢量地图更细致的图像。MapInfo 适合专题地图要素的处理,不同属性实体通过分层管理来体现。

地形图中的许多专业符号在 MapInfo 中都没有,但 MapInfo 提供有符号库,可将自己设计的点状符号存入 MapInfo 符号库中。利用 Windows 中的画笔创建位图。32 位的 MapInfo 其位图大小为 256 K,16 位的 MapInfo 位图大小为 64 K,影像格式仅为单色、16 色、256 色,位图必须存放在 MapInfo\Professional\CUSTSYMB 子目录下。

点符制作关键在于位图定位点的确定及符号尺寸的设置。地形图符号按所代表的地物或表现外形,可分为点状符号、线状符号和面状符号。

点状符号表示不依比例尺的小面积地物和独立的点状地物。它具有符号图形固定、定位方向确切的特点。

十五、基本资料输入方法

基本资料输入方法步骤同第四章第二节"六、数据录入"。

第四节　高速公路地理信息系统实例

一、概述

利用连霍高速公路郑州段改建工程建设的有利时机,开发了连霍郑州段改建工程地理信息系统。系统按照软件工程的方法进行设计开发,运用组件、面向对象等技术和思想,构建了公路线路管理与 GIS 技术无缝集成的系统框架,建立了高速公路的地图化、智能化管理平台,提出了基于电子地图的公路中线里程值实时算法,建立了公路桩号与地理坐标之间自动换算的模型,并在系统中对该算法成功应用。当鼠标在地图平台上沿公路线移动时,在下面的状态栏能实时显示鼠标位置的里程值。实现对桥梁、涵洞、立交桥、里程桩等对象的快速定位。若某路段发生事故,用户只要输入正确的名称或数值,地图就可以快速定位在相对应的地理位置,浏览相关的地形地貌信息和设施属性信息,实现了对移动目标的导航定位。如果在高速公路运行的移动车辆装载卫星定位系统,通过无线通信网络与系统连接后,能够在电子地图上实现车辆的实时定位,实现了地图、鹰眼与视频的关联。当公路线路视频播放时,带状地形图和鹰眼窗口相应变换地理位置,使用户更直观全面地了解线路设施及沿线信息,实现了最近出口信息的快速查询;用鼠标沿着高速公路线点击任意位置,可以获取距离最近的高速出口信息,实现了沿线村庄信息;沿着高速公路线用鼠标点击任意位置,可以获取沿线村庄的距离及方位信息,实现了对系统中各要素图形和属性的双向查询,利用空间对象的相互关系进行空间分析、查询统计,将图形管理和数据管理有机地结合起来。

二、主界面介绍

系统主界面由菜单栏、工具栏、地图窗口、检索栏、鹰眼、状态栏 6 部分组成,如图 5-8 所示。菜单栏包括主菜单项和子菜单项,用户点击任意一项,可获得相应的功能,是用户与系统交互的媒介。工具栏是用户常用的一些快捷功能菜单。地图窗口为系统主窗口,显示公路线路沿线的地形地貌信息和线路设施信息。检索栏列出公路沿线结构物等设施的信息。用鼠标点击检索栏的任一设施名,主窗口地图中心瞬间变换到该设施的平面位置。鹰眼窗口中的红色矩形框显示主窗口地图在整个线路中的区域。通过平移、放大、缩小等操作变换主窗口中的地图,矩形框标志相应发生变化。另外,通过在鹰眼中沿公路线移动鼠标能够准确定位主窗口中平面地图的位置。状态栏显示鼠标当前位置的里程、鼠标位置坐标、量算结果或被选图元名称。

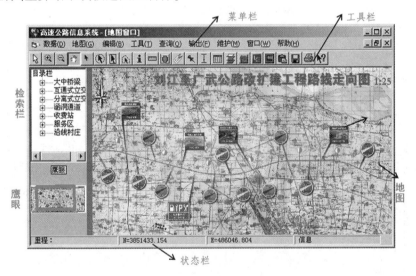

图 5-8　系统操作主界面

三、主菜单说明

主菜单界面如图 5-9 所示,主菜单的详细内容见下面说明。

图 5-9　主菜单界面

(一)数据
该项具有浏览、添加、修改、删除数据库数据的功能。

1. 线路信息

单击该菜单项进入"线路基本信息"窗口,如图 5-10、图 5-11 所示,该窗口分"基本信息"和"乙方资料"两项,"基本信息"对话框用来设置该公路项目的名称、标段总数、工程开工日期、工程完工日期、设计单位、监理单位。"乙方资料"对话框用来设置各标段施工单位具体情况等。按 确定 按钮修改有效,按 关闭 按钮关闭对话框。

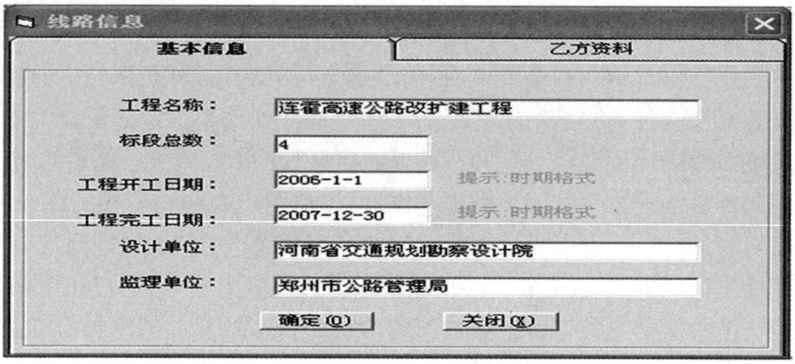

图 5-10　线路信息"基本信息"设置

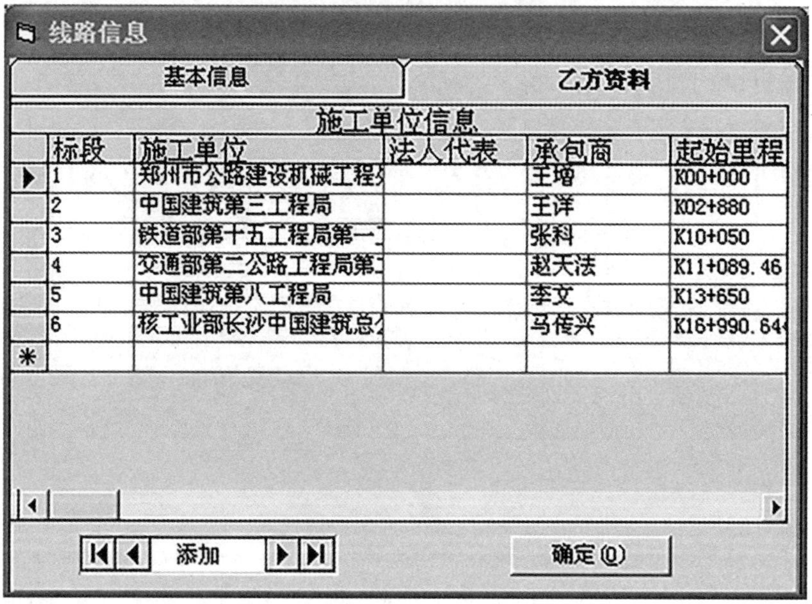

图 5-11　线路信息"乙方资料"设置

2. 里程信息

单击该菜单项出现"里程控制桩信息编辑"对话框,如图 5-12 所示,可以增加、删除、修改、全部删除里程信息,按 确认 按钮编辑信息写入数据库,按 放弃 按钮无效。

3. 线路设施

线路设施包括铁路沿线各种设施信息的管理。

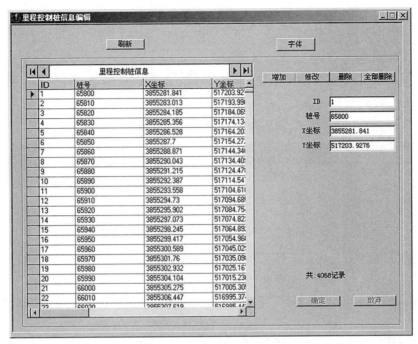

图 5-12　里程信息编辑窗口

1) 大中桥梁信息

单击该菜单项出现"桥梁信息编辑"对话框,如图 5-13 所示,可以增加、删除、修改、全部删除桥梁信息,按 确认 按钮编辑信息写入数据库,按 放弃 按钮无效。

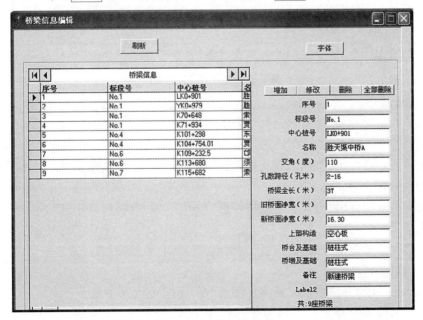

图 5-13　桥梁信息编辑

2)涵洞通道信息

单击该菜单项弹出"涵洞通道信息"对话框,操作同上。

3)收费站信息

单击该菜单项出现"收费站信息"编辑对话框,如图 5-14 所示,可以添加、删除收费站信息,按 确认 按钮编辑信息写入数据库,按 放弃 按钮无效。按 打开数据库 按钮弹出数据库数据窗口,如图 5-15 所示,可以浏览全部收费站信息。

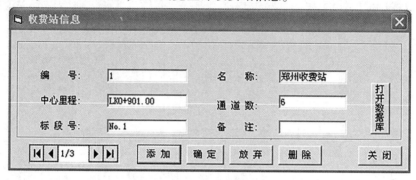

图 5-14　收费站信息编辑

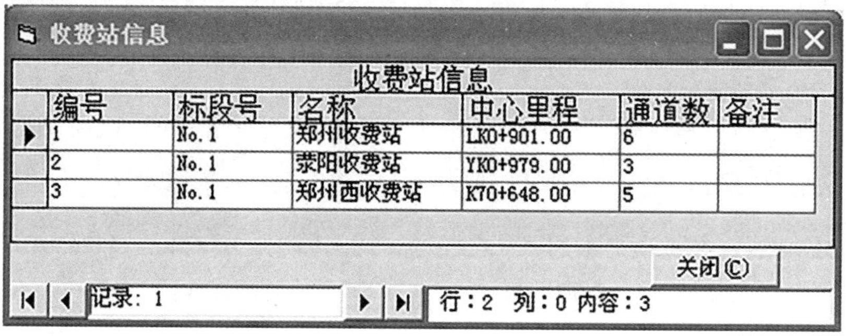

图 5-15　收费站信息数据库

4)服务区信息

单击该菜单项弹出"服务区信息"对话框,操作同"收费站信息"。

5)互通式立交桥信息

单击该菜单项弹出"互通式立交桥信息"对话框,操作同"桥梁信息"。

6)分离式立交桥信息

单击该菜单项弹出"分离式立交桥信息"对话框,操作同"桥梁信息"。

4.高速出口信息

单击该菜单项弹出"服务区信息"对话框,操作同"收费站信息"。

5.沿线村庄信息

单击该菜单项弹出"沿线村庄信息"对话框,操作同"收费站信息"。

6.地质剖面导入

单击该菜单项出现"文件复制"对话框,如图 5-16 所示,选择要导入的地质剖面图文件,按 复制 按钮完成操作,系统自动更换"地质剖面图"文件。

图 5-16　文件复制界面

7. 线路纵断面图导入

单击该菜单项出现"文件复制"对话框,如图 5-16 所示,选择要导入的线路纵断面图文件,按 复制 按钮完成操作,系统自动更换"线路纵断面图"文件。

8. 线路资料信息

单击该项菜单,出现如图 5-17 所示对话框,可以添加、删除、打开资料文件。

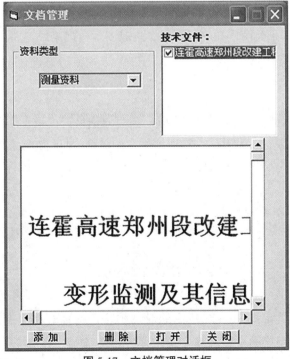

图 5-17　文档管理对话框

9. 线路录像

单击该菜单项进入"视频文件管理"对话框,用户可以添加、删除视频文件,如图 5-18 所示。

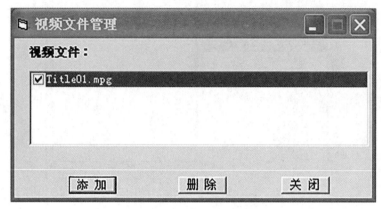

图 5-18　视频文件管理

10. 图像影像信息

单击该菜单项进入"图件管理"对话框,用户可以添加、删除图像影像文件,如图 5-19 所示。

11. 退出

执行该项操作后,系统保存当前设置后关闭。

(二)地图

1. 创建图层

该模块包括创建永久图层和临时图层。临时图层指当系统关闭后自动消失的图层。

2. 添加图层

通过该项可以向系统中添加需要的新图层。

3. 图层控制

点击该项,弹出如图 5-20 所示的对话框,通过对话框可以添加图层;图层叠放顺序调整;定义需显示的图层;是否加标注;对图层所有的图例、显示方式、标注进行修改;对应不同的显示比例,显示不同的图层,如在大比例显示方式下显示标注、高程值、植被等图层信息,在小比例显示方式下不显示这些图层。

4. 显示比例尺

该菜单项控制地图比例尺的显示与隐藏。比例尺如图 5-21 所示。

5. 改变显示范围

如图 5-22 所示,该菜单项控制地图的显示范围。

6. 查看图层

点击该菜单项,弹出如图 5-23 所示的对话框。选择任意一个图层,点击 确定 按钮后,地图窗口显示该图层的全部范围。

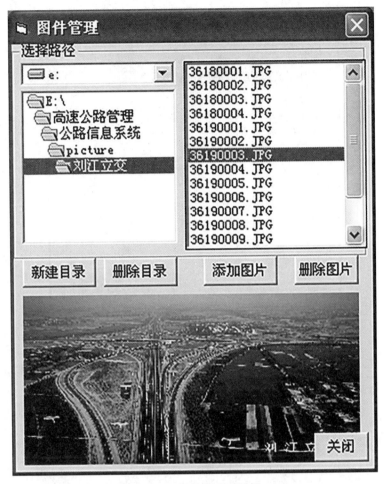

图 5-19　图件管理对话框

7.地图更新

点击该菜单项更新主窗口地图显示。

(三)编辑

在该子菜单项中,用户首先指定地图上的某一图层为可插入图层,然后就可以在这个图层中编辑图元对象。

1.撤销操作

在用户进行图元编辑中,存在这样的情况,当进行了一种编辑操作后,例如:删除了一个图元,又由于某种原因要撤销刚才的操作,恢复删除的图元,此时可以选择该项。

2.图元复制

在用户进行图元编辑中,选择某一图元,按该项可以复制。

3.图元剪切

在用户进行图元编辑中,选择某一图元,按该项可以剪切。

4.图元粘贴

在用户进行图元编辑中,选择某一图元,按该项可以粘贴。

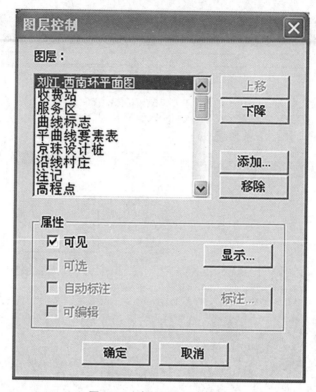

图 5-20　地图图层控制界面

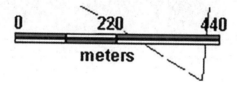

图 5-21　地图比例尺

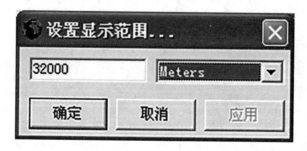

图 5-22　设置地图显示范围

5.删除对象

单击该项,删除可编辑图层中被选择的对象。

6.添加对象

通过该模块可以向可插入图层中添加线、点等对象,如图 5-24 所示。

图 5-23　选择浏览图层对话框

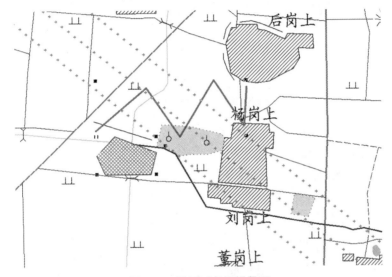

图 5-24　地图对象编辑界面

7. 移动对象

从可编辑图层中选择对象后,点击该项可以移动对象。

8. 图元属性

单击该项后,在地图上点击对象,弹出"图元属性"对话框,显示对象的地图属性,如图 5-25 所示。

9. 指定编辑图层

单击该项,可以在系统图层中指定可插入图层。可插入图层指能够在其中添加点、线、面对象的图层,系统中只有一个可插入图层,如图 5-26 所示。

(四)工具

1. 箭头

设置地图当前工具为箭头。

2. 放大

设置地图当前工具为放大,用于放大地图显示,如图 5-27 所示。

3. 缩小

设置地图当前工具为缩小,用于缩小地图显示,如图 5-28 所示。

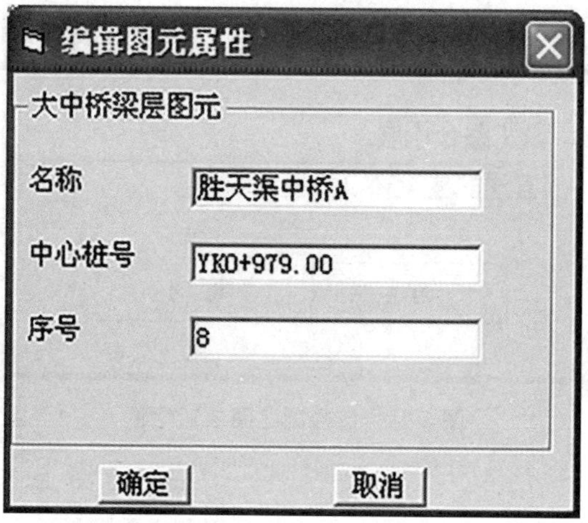

图 5-25　图元属性编辑界面

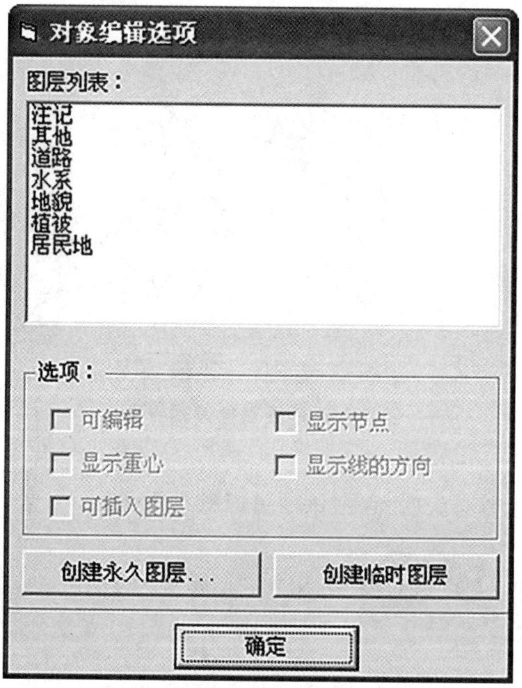

图 5-26　设置可插入图层

4. 漫游

设置地图当前工具为漫游,用于移动地图。

5. 标签

设置地图当前工具为添加标签,用于向地图中标注地图对象的属性,同时可以取消标注。

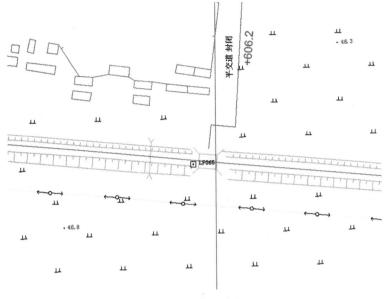

图 5-27　地图放大

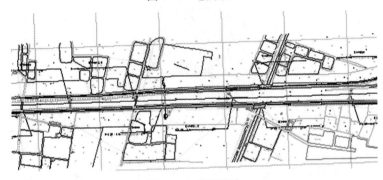

图 5-28　地图缩小

6.注记

选择该项内的相应项,可以在地图上添加、删除符号或文本,并可以设置符号及文本的属性。

7.量距

设置地图当前工具为量距,用于量取直线或折线的距离。如图 5-29 所示,量距结果在下面状态栏中显示。

8.面积

设置地图当前工具为面积量取,用于量取选定区域的面积。如图 5-30 所示,最后面积数值在下面状态栏中显示。

(五) 查询

系统具有多种查询方式,如定位查询、区域查询、构造树查询、条件查询等,可以快速获取所需要的数据资料或图形信息。

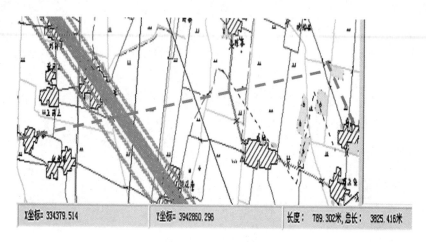

图 5-29　图上量距

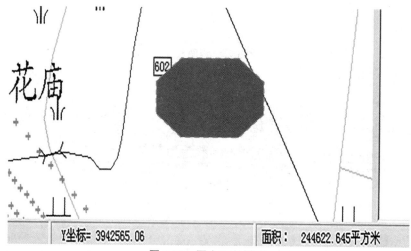

图 5-30　图上面积量取

1. 定位查询

1）里程

单击该菜单项,显示对话框如图 5-31 所示。输入"K000+000.00"形式的里程值后,按 确定 按钮,地图中心变换到对应里程值的位置。按 取消 按钮关闭对话框。

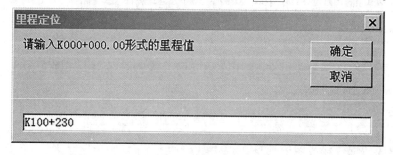

图 5-31　里程定位输入框

2）坐标

单击该菜单项,显示对话框如图 5-32 所示。输入"X 坐标, Y 坐标"形式的坐标值后,按 确定 按钮,地图中心变换到对应坐标值的位置。按 取消 按钮关闭对话框。

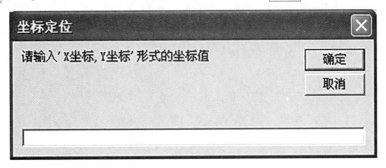

图 5-32　坐标定位输入框

3）桥梁

单击该菜单项,显示对话框如图 5-33 所示。可以进行精确查询和模糊查询。任意输入查询对象,按 确定 按钮开始查询,下面表格中显示近似的内容。输入正确的桥梁名称后,如果有一个匹配对象,则地图上以高亮形式显示被查询到的桥梁对象;如果有多个匹配对象,表格中将显示出来。在表格栏用鼠标选择不同的单元,输入框显示单元内容。按 取消 按钮关闭对话框。

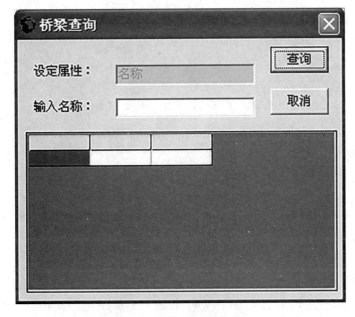

图 5-33　桥梁定位输入框

4）涵洞

操作同本章第四节"2）涵洞通道信息"。

5）收费站

操作同本章第四节"3）收费站信息"。

6）互通式立交桥

操作同本章第四节"5）互通式立交桥信息"。

7）分离式立交桥

操作同本章第四节"6）分离式立交桥信息"。

8）任意属性

单击该菜单项,显示对话框如图5-34所示。输入查询条件后,按 查询 按钮下面会显示查询结果。如果只有一个匹配对象,则地图上以高亮形式显示被查询到的对象。

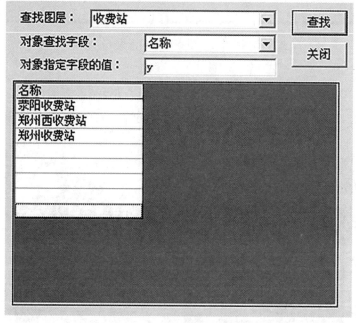

图5-34　地图对象查询界面

2.区域查询

设置地图当前工具为选择工具,选择方式有圆选择、矩形选择和多边形选择三种。在地图上选定一定区域,弹出信息窗口,以构造树的形式显示选定区域内的对象信息。用鼠标点击一个对象,地图以高亮形式显示。

3.设施信息

单击该项,设置地图当前工具为获取线路结构物的信息。在地图上点击结构物对象后,弹出信息窗口,如图5-35所示,窗口显示点击对象的属性信息及所属图层。

从信息窗口中点击对象的录像信息,弹出如图5-36所示的播放器,播放视频录像。点击图片信息,弹出如图5-37所示的图片窗口。

4.沿线村庄

选择该子项后,在电子地图上沿公路线点击任一位置,弹出如图5-38所示的窗口,显示出沿线村庄相对于该点的距离及方位信息。

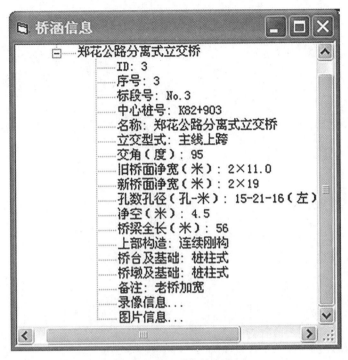

图 5-35　图上对象信息窗口

图 5-36　视频播放器

5. 高速出口信息

选择该子项后,在电子地图上沿公路线点击任一位置,弹出如图 5-39 所示的窗口,显

图 5-37　图片信息显示窗

名称	距离(米)	方位
□ 勒寨	4710.841	西北
□ 三官庙	5282.893	西北
□ 葛寨	7511.68	东南
□ 唐庄村	7650.938	东南
□ 小黄湾	8223.24	东南
□ 枭村	13751.604	东南
□ 小河村	19518.362	东南
□ 东唐庄	20766.807	东南
□ 许庄	21407.186	东南
□ 徐庄	21782.065	东南
□ 祁疙瘩	22858.137	东南

点击位置：　3858544.853　　483953.366

图 5-38　沿线村庄信息显示窗

示出各出口相对于该点的距离及方位信息。

6. 线路资料

通过该项可以查询并打开所需要的技术资料(word 文件、excel 文件)，如图 5-40 ~

图 5-39　高速出口信息显示窗

图 5-42 所示。

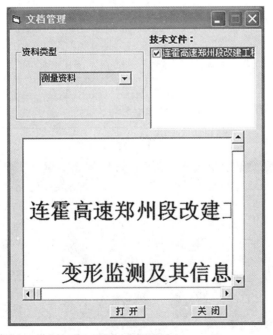

图 5-40　选择资料窗口

7. 线路录像

点击该项播放沿高速公路线录制的视频录像,可以利用播放器控制视频的播放,如图 5-43 所示。在视频播放过程中,系统随着视频的播放而自动平行移动平面图。

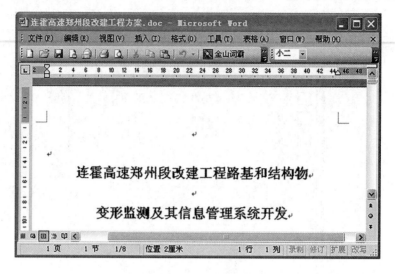

图 5-41　显示文字资料窗口

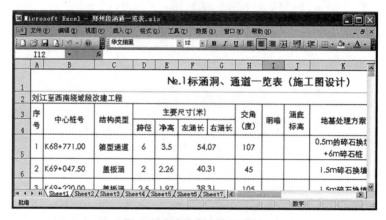

图 5-42　显示表格资料窗口

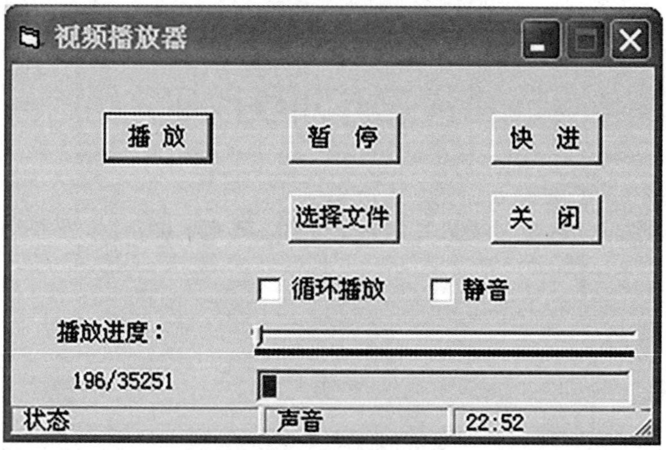

图 5-43　视频播放器

8.图像影像

点击该项查看与高速公路有关的图片、图像影像资料。

9.线路设施

1)桥梁

单击该菜单项,显示定制查询对话框,如图 5-44 所示。从左边可用的属性列表框中选择需要查询的属性,添加到右边的列表框中。点击 预览 按钮显示被选用属性的数据库记录。

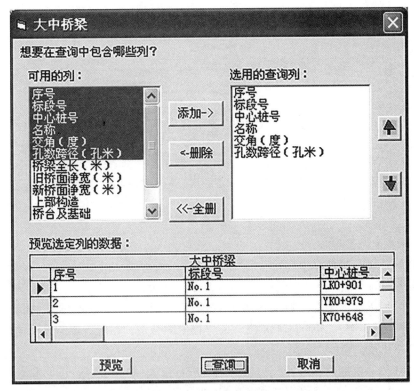

图 5-44　定制查询对话框

要进行更详细的查询,点击 查询 按钮,弹出如图 5-45 所示的对话框。

该项功能是查询数据库中的桥梁信息,查询有精确查询、模糊查询、组合查询几种模式。查询结果可以打印输出。

2)涵洞通道

查询涵洞信息,操作同前。

3)收费站

查询收费站信息,操作同前。

4)服务区

查询服务区信息,操作同前。

5)互通式立交桥

查询互通式立交桥信息,操作同前。

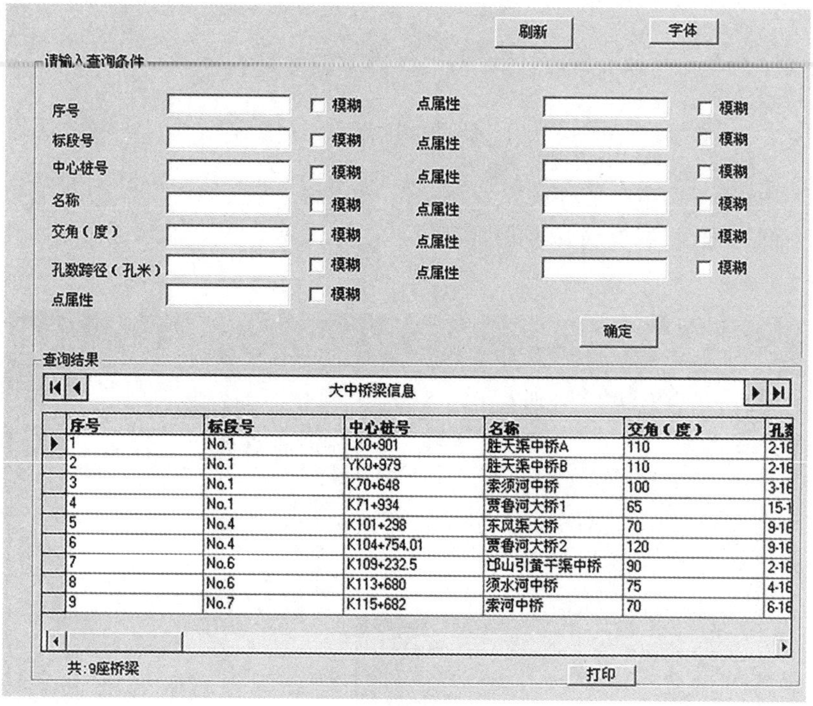

图 5-45　查询桥梁信息窗口

6)分离式立交桥信息

查询分离式立交桥信息,操作同前。

10. 路基纵断面

单击弹出"纵断面图管理器",如图 5-46 所示。可以对图形进行放大、缩小、漫游、选取和查询等操作。输入"K000+000"格式的里程值能够查询相应路段的纵断面。

11. 路基地质剖面

单击弹出"地质剖面管理器",可以对图形进行放大、缩小、漫游、选取和查询等操作。输入"K000+000"格式的里程值能够查询相应路段的地质剖面。

(六)输出

1. 保存地图

把当前地图集合及有关设置进行保存。

2. 另存为

把当前地图集合及有关设置另存为一个文件。单击该项,显示保存对话框,如图 5-47 所示。

3. 窗口地图

该项功能是把地图窗口显示的地图保存为图像文件或复制到剪贴板。

4. 打印设置

如图 5-48 所示,单击该项弹出"打印设置"对话框。该对话框的功能是对打印所使用的打印机、打印方向、纸张大小等参数进行设置。

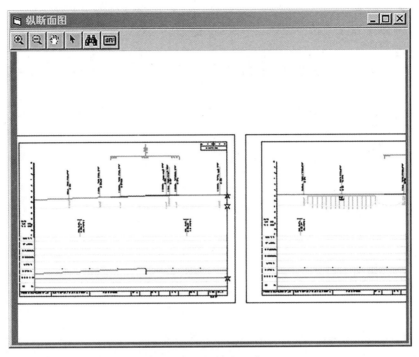

图 5-46　查询纵断面窗口

图 5-47　保存地图对话框

5. 打印浏览

打印浏览包括地图、图片图像,如图 5-49 所示。

6. 打印窗口地图

如图 5-50 所示,单击该项进入"打印"对话框,该对话框的功能是对打印机的类型、打印范围、打印份数等有关参数进行设置,最后打印地图、图片图像及活动窗口的查询数据。

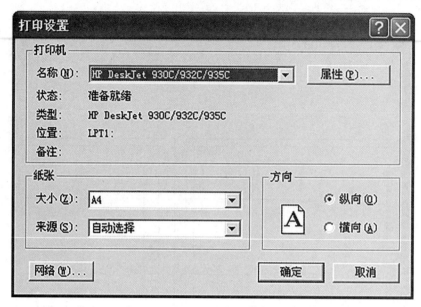

图 5-48　打印设置

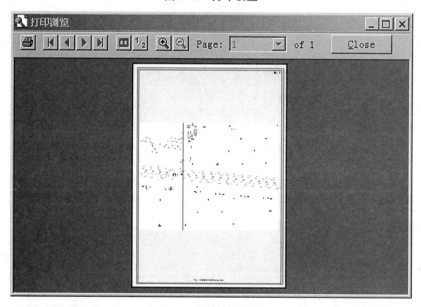

图 5-49　地图打印浏览

(七) 维护

1. 用户设置

1) 新建用户

单击该菜单项进入"新建用户设置",如图 5-51 所示,该对话框的功能用来建立系统新用户。首先输入用户名,然后设置新口令,新口令需要确认一次,输入正确。按 确认 按钮有效,按 退出 按钮无效。

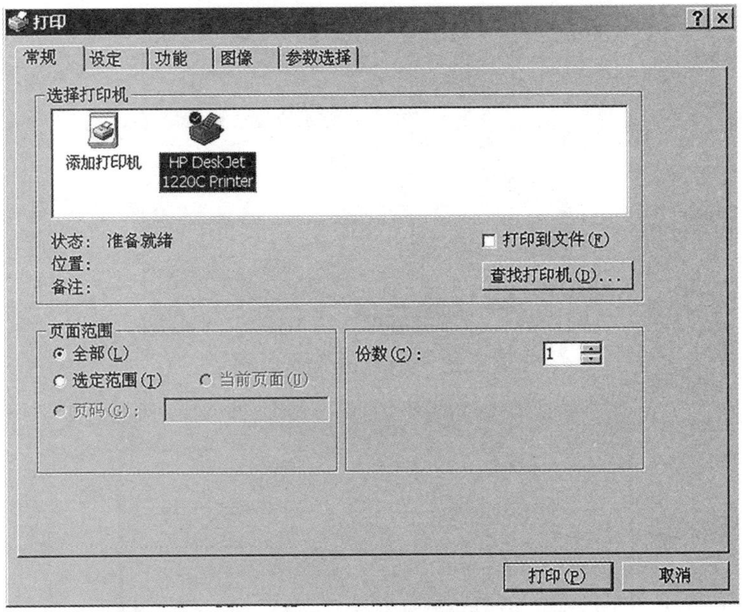

图 5-50 打印对话框

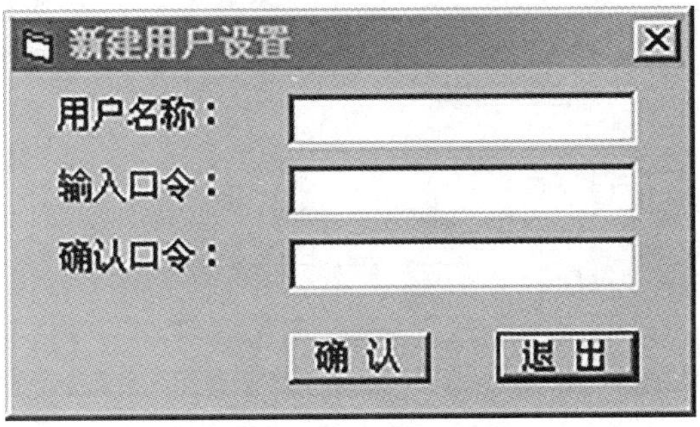

图 5-51 新建用户设置

2)修改用户密码

单击该菜单项进入"用户口令设置",如图 5-52 所示。首先选择用户名,然后输入旧口令,输入正确后可以设置新的口令。新口令需要输入两次,按 确认 按钮有效,按 退出 按钮无效。

3)删除用户

单击该菜单项进入"删除用户"对话框,该项功能是删除过时的系统用户。

2.地图参数

单击该项,弹出"参数"对话框,如图 5-53 所示,用于设置量距参数、地图编辑模式、打印和输出参数三项。

3.数据维护

1)数据压缩

单击该菜单项压缩数据库数据,可节省硬盘空间。

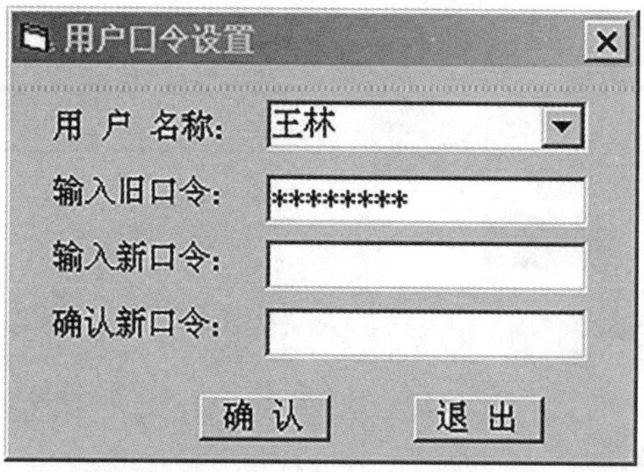

图 5-52　用户口令设置界面

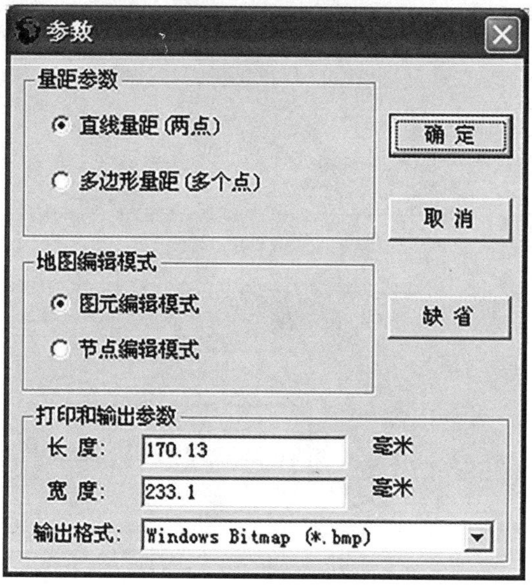

图 5-53　系统参数设置界面

2）数据修复

单击该菜单项将自动修复由于突然断电、死机等原因造成的数据库数据损坏。

3）数据备份

单击该菜单项出现路径窗口,选择备份路径和位置,点击 确定 可备份数据库数据。

4）数据恢复

单击该菜单项出现资源文件窗口,选择路径和文件名,点击 确定 可恢复备份的数据库数据。

5）数据清空

单击该菜单项清空数据库数据。

4. 计算工具

1）里程坐标转换

该项功能是由桩号计算地图坐标、由地图坐标计算桩号。单击该项,进入"里程中桩与地图坐标互算"窗口,如图 5-54 所示。输入桩号可以计算相应的设计坐标,输入地图坐标可以计算相应的桩号。

图 5-54 里程与设计坐标互算

2）系统计算器

计算器功能同 Windows 中的计算器，如图 5-55 所示。

图 5-55 系统计算器

(八) 窗口

1）层叠

用以重排系统打开的窗口。

2）横向平铺

用以重排系统打开的窗口。

3）纵向平铺

用以重排系统打开的窗口。

4）全部关闭

关闭系统内的所有窗口。

5）地图窗口

控制地图窗口的隐藏与显示。

6）工具栏

控制工具栏的隐藏与显示。

7) 状态条

控制状态条的隐藏与显示。

8) 每日提示

单击该项, 弹出如图 5-56 所示的"提示板"窗口, 可以添加或删除信息。选取"下次启动不再显示此窗口"选项时, 系统重新启动时不再显示提示窗; 否则显示。

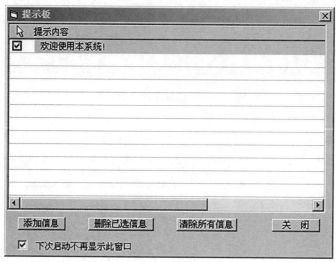

图 5-56　提示窗

(九) 帮助

1. 帮助系统

单击该项, 打开帮助系统, 如图 5-57 所示, 可以获得本系统的使用说明。

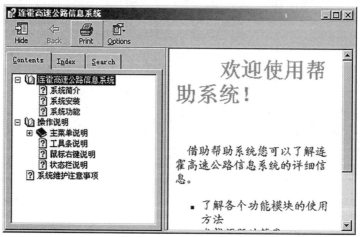

图 5-57　帮助系统

2. 关于系统信息

单击该项, 可以了解本系统的版本等信息, 如图 5-58 所示。

四、工具条说明

系统工具条如图 5-59 所示。

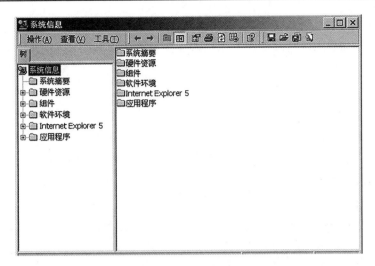

图 5-58　系统信息

图 5-59　工具条

(一) 箭头按钮

按下箭头按钮,地图窗口的当前工具为箭头。

(二) 放大按钮

放大按钮的功能是任意放大地图或布局。操作如下:按下该按钮,用鼠标在工作区点击或拉矩形框都可实现放大功能,并以所在点的位置或矩形框中心作为放大后的地图或布局中心。

(三) 缩小按钮

缩小按钮的功能是任意缩小地图或布局。操作如下:按下该按钮,用鼠标在工作区点击或拉矩形框都可实现缩小功能,并以所在点的位置或矩形框中心作为缩小后的地图或布局中心。

(四) 漫游按钮

漫游按钮的功能是重新设定地图或布局在窗口中的位置。操作如下:按下该按钮,在工作区按下鼠标左键并拖动,重复进行这一操作即可实现地图或布局的漫游功能。

(五) 点选择按钮

点选择按钮的功能是在地图上选择一对象,显示相关信息。操作如下:按下该按钮,用鼠标选择地图对象并单击左键该对象即被选中,并作相应的醒目显示,如加红等,在下面状态栏中显示对象名称。

(六) 圆半径选择按钮

圆半径选择按钮的功能是在地图上选择圆区域范围内的对象,显示相关信息。操作如下:按下该按钮,用鼠标在地图对象上单击左键并拖动,显示一圆区域,其中的对象被选中,以醒目显示,如加红等,在右边信息窗中显示相关信息。

（七）矩形选择按钮 ![icon]

矩形选择按钮的功能是在地图上选择矩形区域范围内的对象，显示相关信息。操作如下：按下该按钮，用鼠标在地图对象上单击左键并拖动，显示一矩形区域，其中的对象被选中，以醒目显示，如加红等，在右边信息窗中显示相关信息。

（八）多边形选择按钮 ![icon]

多边形选择按钮的功能是在地图上选择多边形区域范围内的对象，显示相关信息。操作如下：按下该按钮，通过用鼠标在地图对象上单击左键，选择一个多边形区域，其中的对象被选中，以醒目显示，如加红等，在右边信息窗中显示相关信息。

（九）信息按钮 ![icon]

信息按钮的功能是在地图上单击一个对象后，显示详细信息。操作如下：按下该按钮后，把鼠标移到任一地图对象上，单击鼠标左键将弹出该对象的信息窗口。信息窗内显示对象的属性信息，如名称、图层等。

（十）距离按钮 ![icon]

距离按钮的功能是在地图上量算两点或连续多点之间的距离。操作如下：按下该按钮，用鼠标左键在图上单击两点或多点，在状态栏内将显示相邻两点间的距离并显示总距离。在同一点上连续双击左键即可结束这一操作。

（十一）面积按钮 ![icon]

面积按钮的功能是在地图上量算三点或连续多点之间的面积。操作如下：按下该按钮，用鼠标左键在图上单击三点或多点，然后双击左键结束，在状态栏内将显示几个点包围的区域面积。

（十二）标签按钮 ![icon]

标签按钮的功能是在地图上添加地图对象内置的属性。操作如下：按下该按钮，用鼠标左键在图上单击对象，将显示被点击对象的标注。

（十三）添加符号按钮 ![icon]

添加符号按钮的功能是在地图上添加符号，符号类型可以改变。操作如下：按下该按钮，用鼠标在图上移动，单击左键，将添加一个符号。

（十四）添加文本按钮 ![icon]

添加文本按钮的功能是在地图上添加文本。操作如下：按下该按钮，用鼠标在图上移动，单击左键，将可以添加文本。

（十五）图元属性按钮 ![icon]

点击图元属性按钮，弹出图元属性对话框，可以查看、修改被点击对象的属性。

（十六）图层控制按钮 ![icon]

点击图层控制按钮，弹出图层控制对话框，可以改变图层的属性或添加、移出系统中的图层。

（十七）沿线村庄信息按钮 ![icon]

点击沿线村庄信息按钮，在电子地图上沿公路线点击任一位置，弹出"沿线村庄信息"窗口,显示沿线村庄相对于该位置的距离及方位信息。

(十八)高速出口按钮 🖼

点击高速出口按钮,在电子地图上沿公路线点击任一位置,弹出"高速出口信息"窗口,显示各出口相对于该位置的距离及方位信息。

(十九)录像按钮 🖼

点击录像按钮播放沿高速公路线录制的视频录像。可以利用播放器控制视频的播放。视频播放过程中,系统随着视频的播放而自动平行移动平面图。

(二十)复制窗口地图 🖼

复制窗口地图的功能是把显示的图形复制到剪贴板。

(二十一)保存窗口地图 🖼

保存窗口地图的功能是把显示的地图存储为图像文件。

(二十二)打印窗口地图 🖼

按下打印机图标后,可打印窗口地图。

(二十三)帮助按钮 🖼

按下帮助按钮图标后,显示帮助窗口。

五、鼠标右键的操作说明

在地图窗口上按鼠标右键即弹出一菜单,如图 5-60 所示,包括放大、缩小、漫游、刷新、清除选取、拷贝、保存、打印 8 项。操作同上面的说明。

图 5-60　菜单

六、状态栏介绍

状态栏如图 5-61 所示,包括鼠标当前位置的里程值、鼠标当前位置的 X、Y 坐标,选择对象的名称及量算结果等项。用鼠标沿线路移动时,可在状态栏第一项中实时显示里程值;鼠标在地图上移动,状态栏实时显示 X、Y 坐标;选择地图对象,在状态栏第四项显示对象名称;量算结果也在状态栏第四项显示。

| 里程：K117+472.235 | N=3858713.227 | E=482432.008 | 信息 |

图 5-61　系统状态栏

七、展望

地理信息系统在高速公路领域的应用目前仅仅是起步, 还处于数据图形信息静态查询与动态分析的初级阶段,但随着地理信息技术的发展,未来的发展前景非常广阔。

由于时间和资金因素,本系统的实用性还有待提高,在后续版本中将进一步完善系统功能,设计出更加人性化的、美化的操作界面。GIS 的发展带来各个行业的巨大变革,尤其是 3S 技术的发展为"数字公路"的实现提供了技术保障。在高速公路信息化管理的建设中,充分挖掘 GIS 的技术优势是十分必要的。

第六章　铁路地理信息系统

第一节　概　述

铁路是国民经济的大动脉,四通八达,承担着繁重的客货运输任务。从铁路的勘察、设计、建设,到铁路的运营管理与线路维护,涉及大量的技术资料,也会在运营业务中产生大量的信息。例如:在铁路勘察设计单位,从铁路建设项目的可行性研究到初步设计、施工设计各勘察设计阶段,涉及地形图、纵断面图、工程地质图、水文地质图、各种专业的设计图等资料。在铁路运营部门,为了保证铁路运输的畅通无阻,保证铁路运输效率和安全,需要维持铁路线路设备良好的性能和状态,要对线路进行大量的养护,要监控铁路设备的各种状态。这些工作都要用到铁路的各种资料,例如:沿线的平面图、综合图、断面图、站场配线图、影像图、视频资料;还有描述线路设备属性的各种信息,这些设备包括车站、线路、桥梁、隧道、机车、车辆、通信、信号、供电、供水等;同时这些设备又涉及各种业务信息,如车站涉及客货运信息、行车作业信息等,线路上涉及大量的工务业务信息等。铁路地理信息系统就是基于地理信息系统技术,把铁路系统各种数据和信息组织起来,建设一个能满足铁路规划设计、设备维护、运营管理、抢险救灾、实时监控、决策分析应用的信息系统,提高铁路管理的信息化水平。

第二节　铁路地理信息系统总体结构和功能

一、总体结构

铁路地理信息系统是一个以铁路沿线的地形地貌、线路设备数据、站场、重要工点为主要内容,以铁路部门为应用对象、以计算机为主要手段的应用型地理信息系统,其目的是建立一个能够管理和维护铁路信息,并能快速提供实时性强、真实准确的地理景观和工务信息以达到最大限度地实现铁路信息共享的信息系统。

在进行总体结构设计时,需要了解从铁路局、分局、工务段到领工区、工区的铁路管理部门之间的管理关系及内容。图6-1表示了它们之间的管理关系。

系统的总体结构主要由铁路线路地理平台、工务设备数据管理、病害信息管理、工务信息管理、多媒体信息管理等管理模块组成。用以上模块实现线路、路基、桥梁、涵洞、隧道、车站、道口等的图形,即属性数据输入、分析、处理及多媒体资料处理与存储,从而实现按图、按属性或按线路里程等多种方式查询,完成各种图形、数据统计即报表生成和打印。系统的总体结构如图6-2所示。

平面图形包括概况图、防洪图、平面图、配线图、综合图等。病害信息包括路基病害、

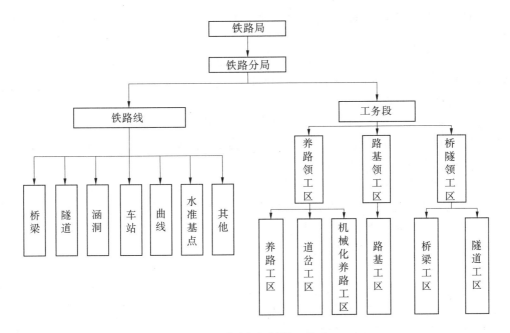

图 6-1　铁路部门的管理关系

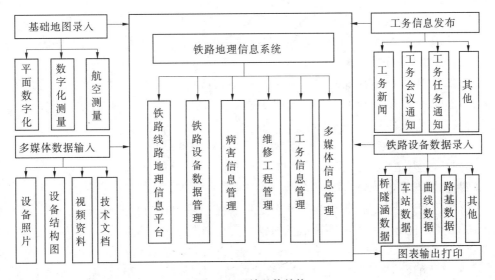

图 6-2　系统总体结构

线路设备病害等信息。维修工程管理是当病害发生时,需要增加维修工程项目,进行病害治理,在线路图上定位出病害地点,输入工程项目的有关信息,如原因、工程示意图维修方案等,以便管理该工程,也可以查看现有的和完工的工程有关信息。工务任务包括线路大、中修及春、秋检等。多媒体数据包括桥隧结构图、图像、线路录像及技术文档等。

二、功能模块设计

根据系统用户的需求及其日常工作情况,决定将系统分为四个独立的功能模块:查询分析模块、业务处理模块、地图编辑模块、数据与系统管理模块,每个模块又细分为若干个小的子模块。

(一)查询分析模块

(1)图文查询:即通过点选、矩形、圆形,以及任意多边形来选择落在该区域的查询要素,选中的要素将被列表显示。

(2)文图查询:即输入所要查询图元的关键字进行查询,或构造条件进行复杂的精确、模糊查询,该图元的位置将会居中并高亮显示。用户也可查询对象的空间关系,并根据需要进行空间分析。

(二)业务处理模块

(1)地图基本功能:提供对图形的浏览,任意的放大、缩小,任意区域的漫游、选择,距离和面积测量,图层控制及鹰眼导航等功能。

(2)地图标注功能:提供对地图的重点标注,例如:增加提示图标、提示曲线等,使地图个性化、实用化。

(3)专题图分析、统计打印功能:通过对专题数据的绑定来创建专题图,使数据以更直观的形式在地图上体现出来。能够依据数据库的相关字段形成各类统计图,并按图表结构对图层进行专题图分析,实现统计数据可视化管理。例如:对全线的桥梁数、涵洞数、隧道数进行统计作柱状、饼状等专题图,制作病害和工程分布专题图,可以直观地观察到全路局的病害和工程分布情况,还可以自定义专题图,以曲线图、柱状图等不同形式来表现病害等对象的分布及密度。对现有图形数据和属性数据进行统计打印,形成文字资料。

(三)地图编辑模块

(1)加载地图功能:系统提供通用数据库接口,可向系统加载格式规范的矢量地图。

(2)编辑图层功能:当地图中某实体变更后,可动态修改相应图层,增加、修改、删除点、线、多边形等具体对象。

(3)保存地图功能:对地图进行修改后,可依据权限修改结果。

(4)打印地图功能:对地图操作结果进行打印。

(四)数据与系统管理模块

(1)数据管理模块:主要功能是动态更新和维护铁路工务信息数据库,反映现实变化,保证信息的现势性。各种图形信息和属性信息都要不停地进行更新。这个模块还要提供分布式存储的数据同步、上传、下载的功能,以及数据的备份恢复。另外这个模块还提供多种格式的数据导入和导出功能。模块应该有各种机制来保证数据处理过程中的数据一致性和完整性,预防错误操作。考虑到安全问题,只有系统管理员才有修改数据的权限。

(2)用户及访问权限管理:为了系统使用的安全性,系统把用户分为四级:系统管理员、部门级用户、一般用户和客人,分别根据各自的权限访问系统。

(3)联机帮助功能:对于任何一个系统来说,即使功能再强大,设计再完美,如果用户不会使用,也很难取得满意的效果。因此,一方面应专门制作 HTML 格式的帮助文件,用户可以从中了解系统所有功能的操作步骤,另一方面系统在屏幕上开辟"信息提示区",在这个区域中集中显示当前用户正在进行的操作状态及该功能的具体操作方法。

第三节　铁路数据的组织

一、铁路空间数据

铁路是一个连续分布的带状物体,各类与铁路有关的铁路资源沿线分布。在铁路GIS的发展过程中,已经形成了大量的铁路空间数据,这些空间数据是铁路行业的宝贵资源。铁路空间数据如下:

(1)铁路各种设备:线路、车站、路基、轨道、桥梁、隧道等设备,以及车站内的客货运输设备、线路机车、铁路信号和通信设备等。

(2)与铁路相关的地理实体:行政区划、公路、水运、航运交通网、城市、工矿企业、水文地质等。

这些空间数据的来源主要有两个方面:一是来自国家测绘部门的国家基础地理数据;二是铁路部门自身建设和生产过程中得到的数据,可以根据实际需要进行采集、制作。例如:铁路路基带大比例尺矢量数据和铁路航测数据,可按照用途和特征分层制作以满足需要;在设计、建设和生产过程中产生的各种地形图、纵断面图、工程地质图、水文地质图、各种专业的设计图等。

但这些数据现分散在各单位,没有统一的数据格式,没有统一的数据内容标准。因此,不能实现各部门之间空间数据的共享,容易造成空间数据的重复建设。

为了充分利用铁路部门的既有资源,就必须明确铁路数据可能的存储形式、文件格式及版本、用途、数量;分析空间数据的生产技术和生产工艺;了解铁路各业务部门对空间数据的需求与利用情况;探索铁路各行业空间数据的采集、维护、利用等一系列环节的合理模式;制订空间数据的内容标准,从而逐步设计并建立科学、合理、完善的铁路空间数据库。

对于纸质的地图需要扫描矢量化,扫描过程如图 6-3 所示,由于扫描仪扫描幅面一般小于地图幅面,因此大的纸质地图先进行分块扫描,然后进行相邻图对接;当显示终端分辨率及内存有限时,拼接后的数字地图还要裁剪成若干个归一化矩形块,对每个矩形块进行矢量处理后生成便于编辑处理的矢量地图,最后把这些矢量化的矩形块图合成为一个完整的矢量电子地图,并进行修改、标注、计算等编辑处理。

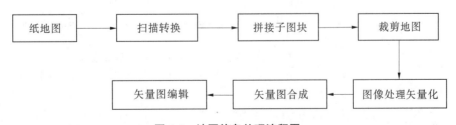

图 6-3　地图信息处理流程图

矢量化时,要考虑对地图数据进行分层采集,即系统采用不同形状的矢量分层存储,使点、线、面不在同一图层存储。根据设备种类的不同分为以下几层:高程点层、道路层、车站层、用地界层、控制点层、桥梁层、线路层、居民地层、涵洞层、坡度层,如图 6-4 所示。

创建每个图层时,要为其建立一张属性表,通过关键字使表与地图之间建立联系。以车站层为例,建立车站属性表,输入设计好的字段,如站名、里程等,并为车站标上标志,再在地理编码浏览器中输入对应车站的属性信息,这样就完成了车站层的创建。这种地图分层技术不仅可以将复杂的地图简单化,简化了系统模型和处理过程,而且以单一的图层作为处理单位,也使系统具有很大的灵活性。

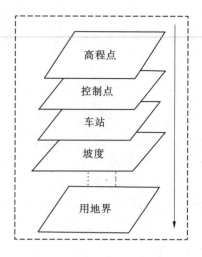

图 6-4　图层叠加概念图

二、铁路属性数据

在铁路系统中,针对铁路工务业务和管理的各种设备,设计了以下几个属性表,包括铁路分局表、工务段表、领工区表、工区表、工作人员信息表、桥梁表、涵洞表、隧道表、车站表、道岔表、股道表、道口表、曲线表、水准点表、路基病害信息表、养护费用表、主要工程数量表等,如表 6-1 所示。

表 6-1　属性表

序号	表名称	字段名称
1	铁路分局	铁路分局名称、所属铁路局名称
2	工务段	工务段名称、所属分局名称
3	领工区	领工区、所属工务段
4	工区	工区、所属领工区
5	工作人员信息	姓名、性别、年龄、职务、职称、学历、部门
6	桥梁	桥梁编号、桥梁名称、里程、空跨式样、桥梁全长、桥梁孔数
7	涵洞	涵洞编号、里程、式样种类、孔数、跨径、涵长等字段
8	隧道	隧道编号、中心里程、隧道名称、全长、入口里程、出口里程
9	车站	车站编号、车站名称、距离、类别、股道数目、股道有效长度
10	道岔	道岔编号、所属车站、钢轨类型、道岔号数、道岔开向、辙叉构造、辙叉长度、道岔全长、里程
11	股道	股道编号、所属车站、股道类型、起道岔号、止道岔号、途经道岔号、有效长度
12	道口	道口编号、中心里程、路面宽度、路面材料、保留或取消
13	曲线	曲线编号、上下行、曲头里程、曲尾里程、偏角、左右偏、曲线半径、切线长、曲线长、缓和曲线长
14	水准点	编号、里程、标高、左右侧、支距
15	路基病害信息	路基编码、起点桩号、病害类型、病害长度、类型、土壤类型
16	养护费用	代码、维修对策、费用
17	主要工程数量	工程名称、单位、数量

这些属性表都可以用二维表来表示,应该按照关系数据库的规定进行仔细分析,确保其能满足第三范式的要求,保证数据库的可靠性。每个表的第一个字段 id 号是主关键字。以车站表为例,其结构如表 6-2 所示。

表 6-2　车站表

序号	属性列中文名称	属性列英文名称	属性列类型	字段长度
1	车站编号	id	int	4
2	车站名称	stationname	nvarchar	50
3	里程	mileage	nvarchar	50
4	距离	distance	nvarchar	50
5	类别	type	nvarchar	50
6	股道数目	gudaocount	int	4
7	股道有效长度	gudaolength	nvarchar	50

第四节　铁路线路信息系统实例

漯阜铁路(漯河—阜阳)线路信息系统利用地理信息技术把漯阜铁路沿线的设施数据、图件、视频图像、文字资料等各种信息映射到地图平台上,构造一个与现实铁路相对应的虚拟的"数字铁路",实现了数据的统一管理和高效利用。用户通过系统能够进行浏览、查询、分析等操作,直观地了解铁路沿线的地形地貌信息、设施信息、站场图、视频图像信息等。这为线路维护、管理、分析和决策提供管理平台;为不同时期的设施大修提供信息帮助,缩短作业周期,降低成本。

一、基本功能

系统的功能模块主要包括数据管理、地图管理、地图操作、图形编辑、信息查询、统计分析、成果输出、系统维护、在线帮助等。

(一)数据管理

数据管理主要管理线路基本信息、测量信息、设施信息、站场信息、图形图像、视频文件、文档资料等数据,包括对数据库数据的添加、修改、删除,对技术文档、图形图件、视频数据的添加、删除、更换等功能。该模块保证了系统的现势性。

(二)地图管理

地图管理:更换地图;添加图层;自定义需显示的图层;对图层所有的图例、显示方式、标注进行修改;调整图层叠放顺序;对应不同的显示比例,显示不同的图层,例如:在大比例显示方式下显示文本注记、高程值、植被等信息,在小比例显示方式下不显示这些信息等。

(三)地图操作

地图操作:对地图进行任意放大、缩小、漫游操作;地图单位转换;坐标及投影变换;坐标显示;距离及面积量算;地图复制、保存及打印输出。

(四)图形编辑

图形编辑:可添加符号或文字注记(自定义样式);添加直线、折线、曲线(自定义样式);添加各种面区域目标(自定义样式)。

(五)信息查询

信息查询:具有多种查询方式,如条件查询、可视化查询、构造树查询、关键字查询等,可以方便直观地获取所需要的图形、数据信息。

(六)统计分析

统计分析:利用地图数据和数据库数据,进行统计分析,生成直方图、散点图、饼图等分析图件。

(七)成果输出

成果输出:主要包括屏幕显示、文件保存和打印机输出。可以对地图、图片图像、屏幕显示内容打印输出;对地图集合、显示地图以文件形式保存;对查询、统计、分析所得的各种表格资料打印输出。

(八)系统维护

系统维护:实现系统用户的权限管理、系统日志查询、数据库维护、系统参数设置功能。

(九)在线帮助

在线帮助:为了引导管理员和用户的正确操作,系统给出详细的在线帮助。

二、重点功能

(一)图形与属性双向查询

图形与属性双向查询实现了对系统中各要素图形和属性的双向查询:利用空间对象的相互关系进行空间分析、查询统计,将图形管理和数据管理有机地结合起来。

(二)快速定位

系统实现了对桥梁、涵洞、道口、立交道、隧道、里程值、测量点等对象的快速定位。用户只要输入正确的名称或数值,就可以快速定位到相对应的地理位置,浏览相关的地形地貌信息和设施属性信息。

(三)实时显示里程

在铁路线路管理中,里程是重要的参数。当鼠标在地图平台上沿铁路线移动时,在下面的状态栏能实时显示鼠标位置的里程值。

(四)鹰眼功能

铁路线路具有线路长、跨度大的特点,利用鹰眼能够实时地了解显示地图在整个线路中的位置,并可以进行地图定位。

(五)再现线路实景信息

系统增加了多媒体功能,利用视频、图像影像等载体,可以使用户更直观全面地了解线路设施及沿线信息。

(六)用户权限管理

管理用户登录系统并验证用户身份,一个有效的用户由两部分组成:用户名称和用户口令。系统内的数据、地图、图件具有宝贵价值和保密性,为了保证系统的安全,只有授权用户才可以对系统操作具有完全的控制权,进行查询、编辑或删除系统数据。

(七)数据库维护与安全

对于信息系统来说,数据的价值往往要超过系统软硬件环境,所以对数据库在维护与安全方面就要有严密的保护措施,在本系统中对系统数据库的维护与安全采用了如下方法。

(1)口令进入,只有系统管理员与合法用户可以访问系统数据库。

(2)数据备份,对数据库中的所有资料提供了硬盘备份功能。

(3)数据库压缩,由于对数据记录经常的修改,数据库中的记录会产生大量的冗余,使用该项功能可对数据库进行整理,提高数据库查询速度。

(4)数据库修复,对于突然断电、关机或死机等意外情况造成正在使用的数据库出错、损坏等问题,使用该项功能可使数据库恢复正常。

(5)数据库清空,利用该功能,可以使本系统返回到初始状态。

三、软件界面及操作介绍

启动系统,出现登录对话框,如图 6-5 所示。

图 6-5　登录系统对话框

选择用户名,并输入正确密码后,进入主界面,如图 6-6 所示。系统主界面由菜单栏、工具栏、车站栏、地图窗口、信息窗口、鹰眼、状态栏 7 个部分组成。菜单栏包括主菜单项和子菜单项,用户点击任意一项,可获得相应的功能,是用户与系统交互的媒介。工具栏是用户常用的一些快捷功能菜单。地图窗口为系统主窗口,显示铁路线路沿线的地形地貌信息和线路设施信息。信息窗口显示查询结果和被查询对象的属性。车站栏列出铁路沿线车站的信息。用鼠标点击车站栏的任一车站名,主窗口地图中心瞬间变换到该车站的站场平面图位置。鹰眼显示主窗口地图在整个线路中的位置,移动主窗口中的地图,鹰眼的十字标志跟着移动,也可以在鹰眼中沿铁路线定位主窗口地图的位置。状态栏显示鼠标当前位置的里程、位置坐标、量算结果或图元名称。

(一)主菜单说明

主菜单界面如图 6-7 所示,主菜单的详细内容见下面说明。

1.数据

该项具有浏览、添加、修改、删除铁路沿线各种数据的功能。

1)线路信息

单击该菜单项进入"线路基本信息设置",如图 6-8 所示,该对话框的功能是查看、修

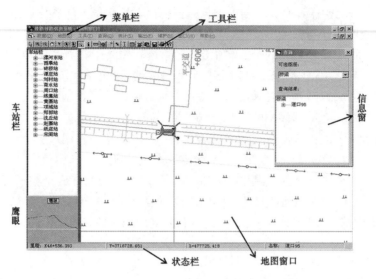

图 6-6 系统操作主界面

图 6-7 主菜单界面

改线路的基本信息,按 确定 按钮修改有效,按 关闭 按钮关闭对话框。

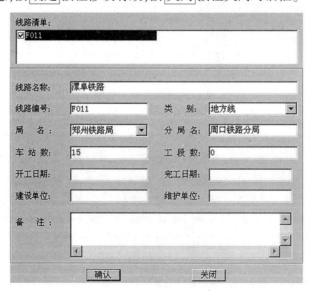

图 6-8 线路基本信息设置

2)控制点信息

该项包括平面控制点、水准点、线路控制点的编辑以及点之记的更换。

(1)平面控制点坐标信息。

单击该菜单项出现"平面控制点坐标信息"编辑对话框,如图 6-9 所示,可以增加、删除、修改、全部删除控制点坐标信息,按 确认 按钮编辑信息写入数据库,按 放弃 按钮无效。

图6-9 平面控制点坐标信息编辑

(2)平面控制点点之记。

单击该菜单项出现"拷贝到系统"对话框,如图6-10所示,选择要导入的点之记文件(*.gst、*.tab、*.map、*.dat、*.ID),按 拷贝 按钮完成操作,系统自动更换"平面控制点点之记"文件。

图6-10 拷贝文件界面

(3)水准点高程信息。

单击该菜单项弹出"水准点高程信息"对话框,操作同上。

(4)水准点点之记。

单击该菜单项出现"拷贝到系统"对话框,用户可以更换"水准点点之记"文件。

(5)线路控制点信息。

单击该菜单项弹出"线路控制点信息"对话框,操作同上。

3) 里程信息

单击该菜单项弹出里程信息编辑对话框,操作同上。

4) 线路设施

线路设施包括铁路沿线各种设施信息的管理。

(1)车站信息。

单击该菜单项出现"车站信息"编辑对话框,如图 6-11 所示,可以添加、删除、修改车站信息,按 确认 按钮编辑信息写入数据库,按 放弃 按钮无效。按 打开数据库 按钮弹出数据库数据窗口,如图 6-12 所示,可以浏览全部车站信息。

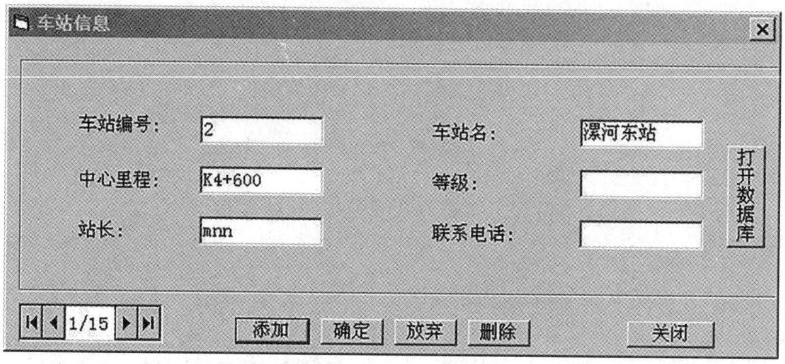

图 6-11　车站信息编辑

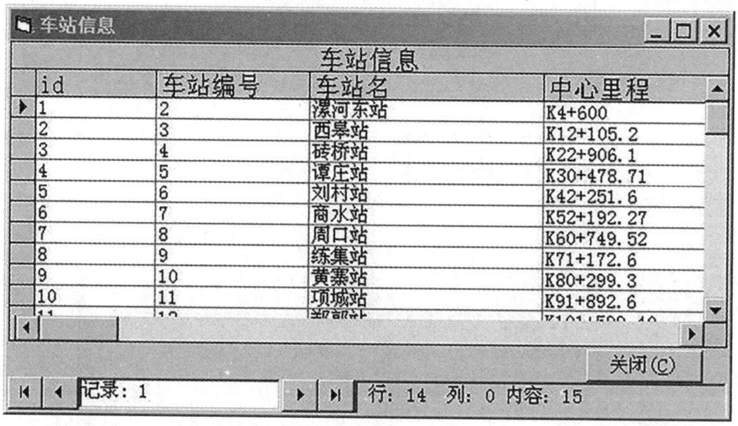

图 6-12　车站信息数据库

(2)桥梁信息。

单击该菜单项出现"桥梁信息"对话框,如图 6-13 所示,可以增加、修改、删除、全部删除桥梁信息,按 确认 按钮编辑信息写入数据库,按 放弃 按钮无效。

(3)道口信息。

单击该菜单项弹出"道口信息"对话框,操作同上。

(4)涵洞信息。

单击该菜单项弹出"涵洞信息"对话框,操作同上。

图 6-13　桥梁信息编辑

（5）隧道信息。

单击该菜单项弹出"隧道信息"对话框,操作同上。

（6）立交道信息。

单击该菜单项弹出"立交道信息"对话框,操作同上。

（7）曲线参数信息。

单击该菜单项弹出"曲线参数信息"对话框,操作同上。

5）站场信息

站场信息包括铁路沿线各个站场设施信息的管理。

（1）站场平面图。

单击该菜单项出现"拷贝到系统"对话框,选择站场平面图文件(＊.jpg、＊.tif、
＊.gif),按 拷贝 按钮完成操作,系统自动将文件添加到指定目录。

（2）道岔信息。

单击该菜单项出现"道岔信息"对话框,如图 6-14 所示,可以添加、删除、修改道岔信
息,按 确认 按钮编辑信息写入数据库,按 放弃 按钮无效。

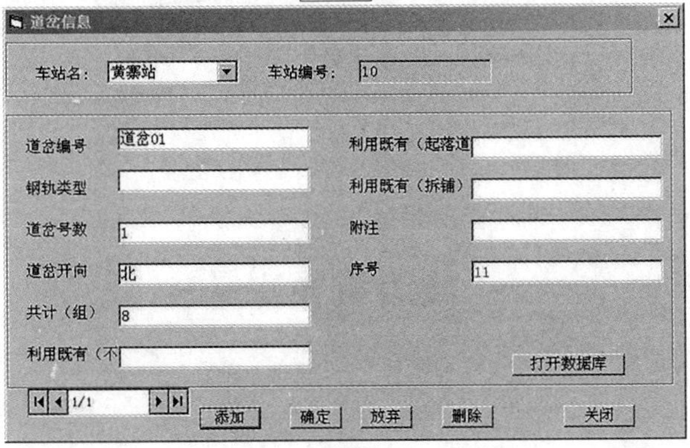

图 6-14　道岔信息编辑对话框

（3）股道信息。

单击该菜单项弹出"股道信息"对话框,操作同上。

（4）纵向排水沟信息。

单击该菜单项弹出"纵向排水沟信息"对话框,操作同上。

（5）横向盖板排水槽信息。

单击该菜单项弹出"横向盖板排水槽信息"对话框,操作同上。

（6）主要工程量信息。

单击该菜单项弹出"主要工程量信息"对话框,如图 6-15 所示,包括土石方数量、铺轨数量、道岔数量、道碴数量、用地数量 5 项内容。选择车站名,可以查看、修改、添加、删除工程数量记录。

图 6-15　站场主要工程量信息编辑对话框

6）线路资料信息

单击该项菜单,出现如图 6-16 所示的对话框,可以添加、删除、打开资料文件。

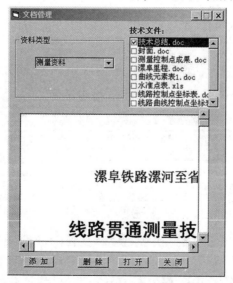

图 6-16　文档管理对话框

7）线路录像

单击该菜单项进入"视频文件管理"对话框，用户可以添加、删除视频文件，如图 6-17 所示。

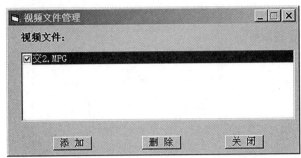

图 6-17　视频文件管理

8）图像影像信息

单击该菜单项进入"图件管理"对话框，用户可以添加、删除图像影像文件，如图 6-18 所示。

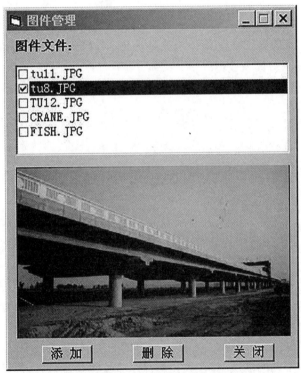

图 6-18　图件管理对话框

9）配置信息

（1）维护人员信息。

单击该菜单项出现"维护人员信息"对话框，如图 6-19 所示，可以浏览、添加、编辑人员信息，按 打开数据库 按钮弹出数据库窗口。

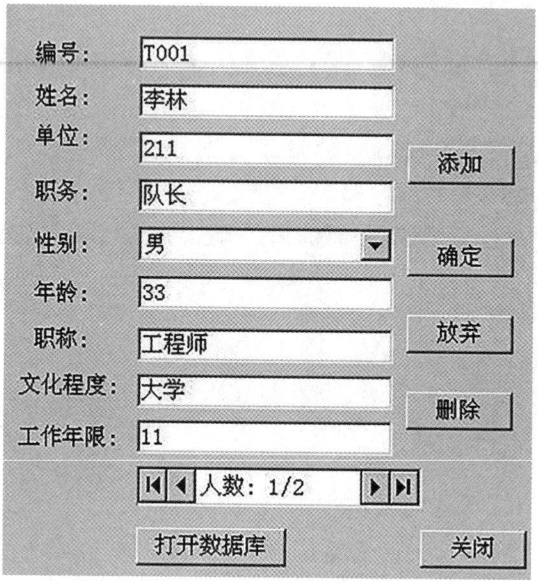

图 6-19　人员信息编辑

（2）机械设备信息。

单击该菜单项出现"机械设备信息"对话框，可以浏览、添加、编辑设备信息，按 打开数据库 按钮弹出数据库窗口。

10）退出

执行该项操作后，系统保存当前设置后关闭。

2. 地图

1）更换地图

单击该菜单项弹出文件对话框，可以选择新的地图集文件（.GST）更换系统主窗口地图。

2）创建图层

该模块包括创建永久图层和临时图层。临时图层指当系统关闭后自动消失的图层。

3）添加图层

通过该项可以向系统中添加需要的新图层。

4）图层控制

点击该项，弹出如图 6-20 所示的对话框，通过对话框可以添加图层；图层叠放顺序调整；定义需显示的图层；是否加标注；对图层所有的图例、显示方式、标注进行修改；对应不同的显示比例，显示不同的图层，如在大比例显示方式下显示标注、高程值、植被等图层信息，在小比例显示方式下不显示这些图层。

5）显示比例尺

该菜单项控制地图比例尺的显示与隐藏，比例尺如图 6-21 所示。

6）设置显示范围

如图 6-22 所示是该菜单项控制地图的显示范围。

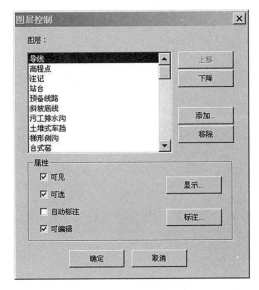

图 6-20　地图图层控制界面

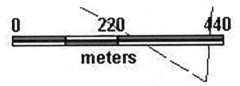

图 6-21　地图比例尺

图 6-22　设置地图显示范围

7) 查看图层

点击该菜单项,弹出如图 6-23 所示的对话框。选择任意一个图层,点击 确定 按钮后,地图窗口显示该图层的全部范围。

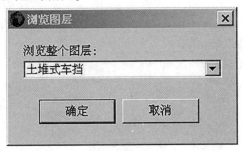

图 6-23　选择浏览图层对话框

8）地图更新

点击该菜单项更新主窗口地图显示。

9）地图投影

点击该菜单项显示如图 6-24 所示的对话框。选择任意一个投影种类，下面显示该种类的成员，点击 确定 按钮改变地图投影方式，点击 取消 选择无效。

图 6-24　选择投影对话框

10）可插入图层

单击该项，可以在系统图层中设置可插入图层，如图 6-25 所示。可插入图层指能够在其中添加点、线、面对象的图层，系统中只有一个可插入图层。

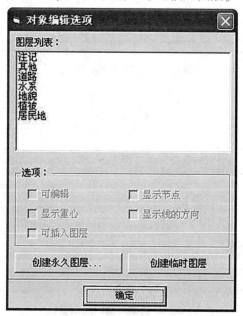

图 6-25　设置可插入图层

3. 工具

1）箭头

设置地图当前工具为箭头。

2）放大

设置地图当前工具为放大，用于放大地图显示，如图 6-26 所示。

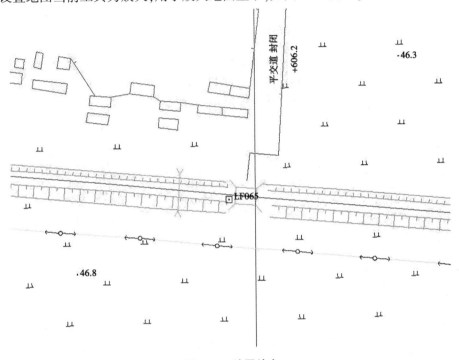

图 6-26　地图放大

3）缩小

设置地图当前工具为缩小，用于缩小地图显示，如图 6-27 所示。

图 6-27　地图缩小

4）漫游

设置地图当前工具为漫游，用于移动地图。

5）标签

设置地图当前工具为添加标签，用于向地图中标注地图对象的属性。

6）注记

选择该项内的相应项，可以在地图上添加、删除符号或文本，并可以设置符号及文本的属性。

7）添加对象

通过该模块可以向可插入图层中添加线、点、区域等对象，如图 6-28 所示。

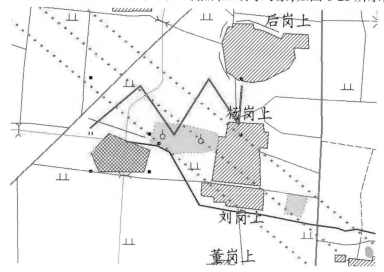

图 6-28　地图对象编辑界面

8）移动对象

从可编辑图层中选择对象后，点击该项可以移动对象。

9）删除对象

单击该项，删除可编辑图层中被选择的对象。

10）图元属性

单击该项后，在地图上点击对象，弹出"图元属性"对话框，显示对象的地图属性，如图 6-29 所示。

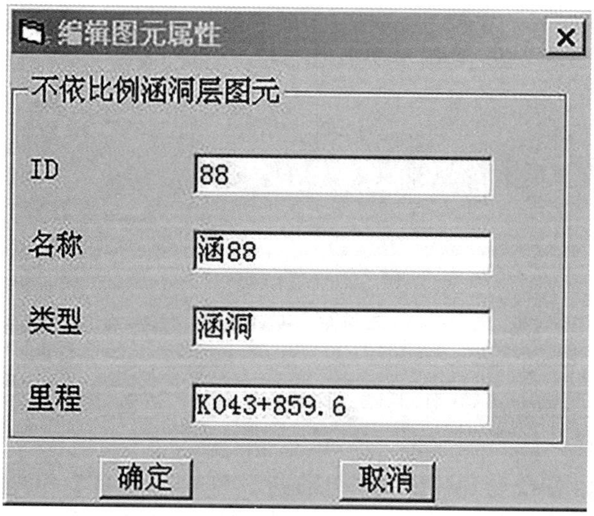

图 6-29　图元属性编辑界面

11）量距

设置地图当前工具为量距,用于量取直线或折线的距离。如图 6-30 所示,量距结果在下面状态栏中显示。

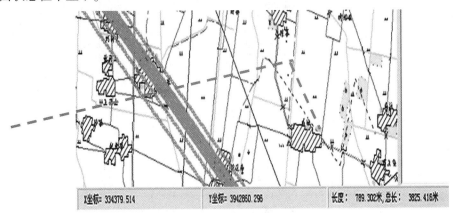

图 6-30　图上量距

12）面积

设置地图当前工具为面积量取,用于量取选定区域的面积。如图 6-31 所示,最后面积数值在下面状态栏中显示。

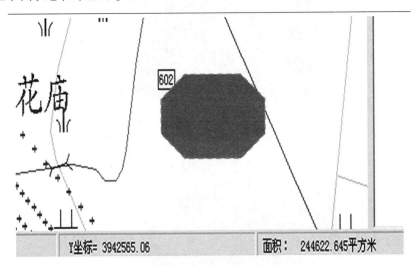

图 6-31　图上面积量取

13）信息

单击该项,设置地图当前工具为获取地图对象的信息。在地图上点击对象后,弹出信息窗口,如图 6-32 所示,窗口显示点击对象的属性信息及所属图层。

从信息窗口中点击对象的录像信息,弹出如图 6-33 所示的播放器,播放视频图像。点击图 6-32 窗口中的图片信息,弹出如图 6-34 所示的图片窗口。

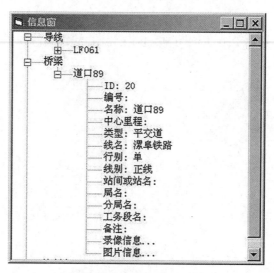

图 6-32　图上对象信息窗口

图 6-33　视频播放器

图 6-34　图件信息显示窗

4.查询

系统具有多种查询方式,如定位查询、区域查询、构造树查询、条件查询等,可以快速获取所需要的数据资料或图形信息。

1)定位查询

(1)里程。

单击该菜单项,显示对话框如图 6-35 所示。输入 K000+000.00 形式的里程值后,按 确定 按钮,地图中心变换到对应里程值的位置;按 取消 按钮关闭对话框。

图 6-35　里程定位输入框

(2)桥梁。

单击该菜单项,显示对话框如图 6-36 所示。输入正确的桥梁名称后,按 确定 按钮开始查询。如果有一个匹配对象,则地图上以高亮形式显示被查询到的桥梁对象,否则提示图上没有该桥梁。按 取消 按钮关闭对话框。

图 6-36　桥梁定位输入框

(3)涵洞。

操作同前。

(4)道口。

操作同前。

(5)隧道。

操作同前。

(6)立交道。

操作同前。

(7)平面控制点。

操作同前。

(8)水准点。

操作同前。

(9)任意属性。

单击该菜单项,显示对话框如图 6-37 所示。输入条件后,按 查找 按钮下面显示查询结果。如果只有一个匹配对象,则地图上以高亮形式显示被查询到的对象。

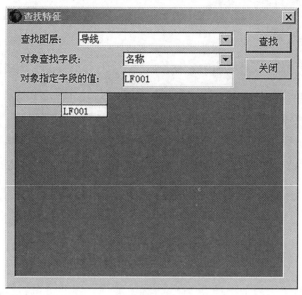

图 6-37　地图对象查询界面

2)区域查询

设置地图当前工具为选择工具,选择方式有圆选择、矩形选择和多边形选择三种。在地图上选定一定区域,弹出信息窗口,以构造树的形式显示选定区域内的对象信息。用鼠标点击一个对象,地图以高亮形式显示。

3)线路资料

通过该项可以查询并打开所需要的技术资料(word 文件、excel 文件),如图 6-38、图 6-39 所示。

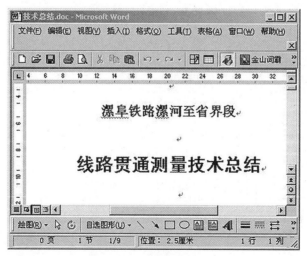

图 6-38　显示文字资料窗口

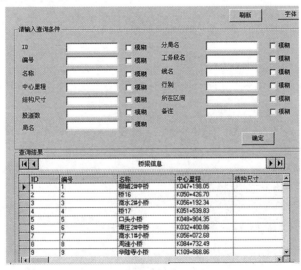

	C	D	E	F
1		**3、水准点高程表**		
2	**位 置**			
3	**里 程**	距线路中心(m)		水准点位置描述及材料
4		左	右	
5	K0+226.9	15.0		左侧第二个桥台上
6	K2+188.8		10.0	涵帽顶上
7	K3+839.9	6.0		混泥土标石

图6-39 显示表格资料窗口

4)线路录像

点击该项播放铁路沿线录制的视频录像。

5)图像影像

点击该项查看与铁路线路有关的图片、图像影像资料。

6)线路设施

(1)桥梁。

单击该菜单项,出现窗口如图6-40所示。该项功能是查询数据库中的桥梁信息,查询有精确查询、模糊查询、组合查询几种模式。

图6-40 查询桥梁信息窗口

(2)涵洞。

查询涵洞信息,操作同前。

(3)道口。

查询道口信息,操作同前。

(4)隧道。

查询隧道信息,操作同前。

(5)立交道。

查询立交道信息,操作同前。

(6)曲线参数信息。

查询曲线参数信息,操作同前。

7)站场信息

(1)站场平面图。

单击该项,弹出如图 6-41 所示的窗口,可以查看各车站的站场平面图,平面图可以放大、缩小和漫游。

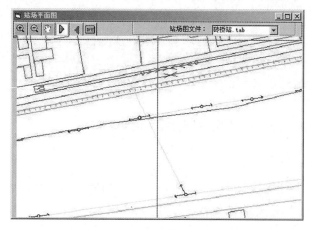

图 6-41　查询站场平面图窗口

(2)道岔信息。

单击该菜单项,显示定制查询对话框,如图 6-42 所示。从左边可用的属性列表框中选择需要查询的属性,添加到右边的列表框中。点击 预览 按钮显示被选用属性的数据库记录。

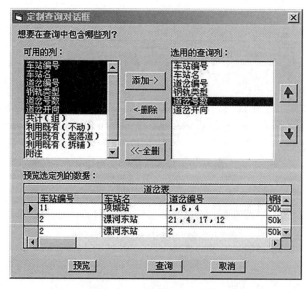

图 6-42　定制查询对话框

要进行更详细的查询,点击 查询 按钮,弹出如图 6-43 所示的对话框。

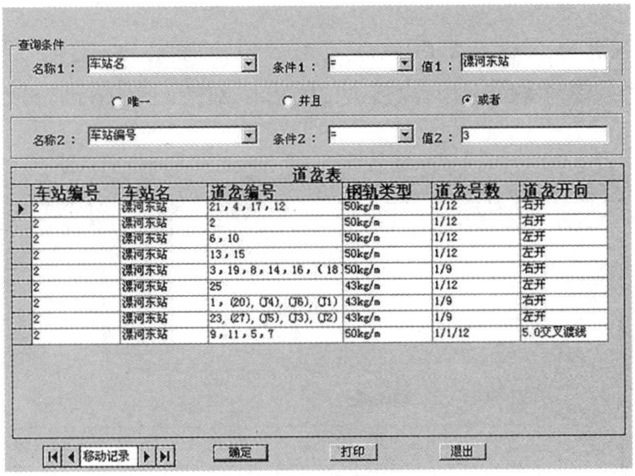

图 6-43　查询对话框

该对话框功能是:根据操作人员选择的查询对象和查询条件实时显示查询结果。能够同时满足两个字段的条件查询(唯一 ONLY、并且 AND、或者 OR)。

查询方式选择唯一。确定查询方式后,从名称 1 中选择查询字段名,选择查询条件,输入条件值,按下确定键,就可在查询窗口中看到查询结果。

查询方式选择并且。确定查询方式后,从名称 1 中选择查询字段名,选择查询条件 1,输入条件值;从名称 2 中选择查询字段名,选择查询条件 2,输入条件值,按下确定键,就可在查询窗口中看到查询结果。

查询方式选择或者。确定查询方式后,从名称 1 中选择查询字段名,选择查询条件 1,输入条件值;从名称 2 中选择查询字段名,选择查询条件 2,输入条件值,按下确定键,就可在查询窗口中看到查询结果。

(3)股道信息。

操作同前。

(4)纵向排水沟。

操作同前。

(5)横向盖板排水槽及涵管。

操作同前。

(6)主要工程数量表。

操作同前。

8)控制点信息

(1)平面控制点。

用于查询导线点和 GPS 点信息,操作同"桥梁查询"。

操作同前。

(2)线路控制点。

操作同前。

(3)水准点。

操作同前。

（4）点之记。

点之记包括导线点点之记和水准点点之记。单击弹出"点之记管理器"，如图 6-44 所示，可以输入控制点名称查询对应的点之记，还可以对点之记图进行放大、缩小、漫游和选取等操作。

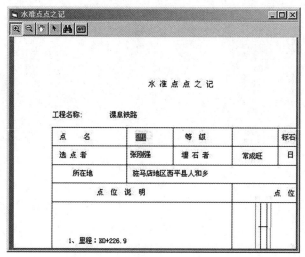

图 6-44　查询点之记窗口

9）配置信息

配置信息包括维护人员信息查询和机械设备信息查询，操作同"道岔信息"。

5. 统计

1）控制点

（1）导线点。

用于统计地图上导线点的数目。单击弹出如图 6-45 所示的对话框，按统计按钮开始统计，最后显示导线点的数目。

（2）GPS 点。

操作同前。

（3）水准点。

操作同前。

2）桥梁统计

操作同前。

3）涵洞统计

操作同前。

4）道口统计

操作同前。

5）隧道统计

操作同前。

图 6-45 导线点统计界面

6）立交道统计

操作同前。

7）对比图

以直方图的形式直观显示桥梁、涵洞、平交道、立交桥、隧道的数量比，如图 6-46 所示。

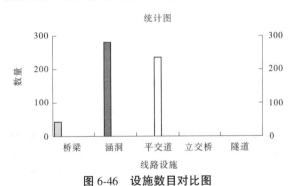

图 6-46 设施数目对比图

6. 输出

1）保存地图

把当前地图集合及有关设置进行保存。

2）另存为

把当前地图集合及有关设置另存为一个 .GST 文件。单击该项，显示保存对话框，如图 6-47 所示。

3）窗口地图

该项功能是把地图窗口显示的地图保存为图像文件或拷贝到剪贴板。

4）打印设置

如图 6-48 所示，单击该项弹出"打印设置"对话框。该对话框的功能是对打印所使用

图 6-47　保存地图对话框

的打印机、打印方向、纸张大小等参数进行设置。

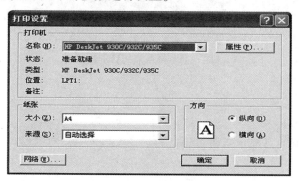

图 6-48　打印设置

5）打印浏览

打印浏览包括地图、图片图像的打印浏览，如图 6-49 所示。

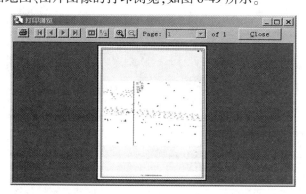

图 6-49　地图打印浏览

6）打印

如图 6-50 所示，单击该项进入"打印"对话框，该对话框的功能是对打印机的类型、打印范围、打印份数等有关参数进行设置，最后打印地图、图片图像及活动窗口的查询数据。

图 6-50　打印对话框

7. 维护

1) 用户设置

(1) 新建用户。

单击该菜单项进入"新建用户设置",如图 6-51 所示,该对话框的功能用来建立系统新用户。首先输入用户名,然后设置新口令。新口令需要确认一次,输入正确按 确认 按钮有效,按 退出 按钮无效。

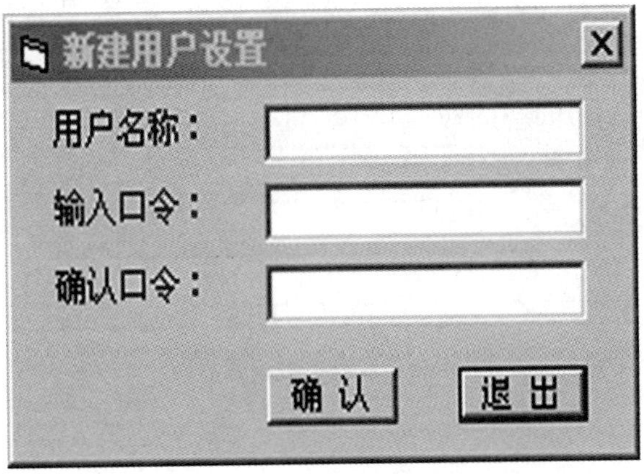

图 6-51　新建用户设置

(2) 修改用户密码。

单击该菜单项进入"修改用户密码设置",如图 6-52 所示。首先选择用户名,然后输入旧口令,输入正确后可以设置新的口令。新口令需要输入两次,按 确认 按钮有效,按 退出 按钮无效。

(3) 删除用户。

单击该菜单项进入"删除用户"对话框,该项功能是删除过时的系统用户。

2) 系统日志

单击该项,调出记事本。

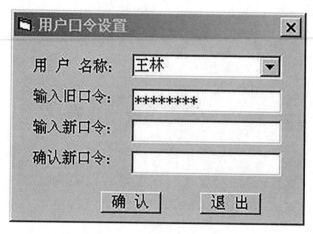

图 6-52　用户口令设置界面

3）地图参数

单击该项，弹出参数设置对话框，如图 6-53 所示，用于设置量距参数、打印和输出参数。

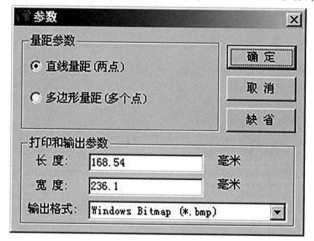

图 6-53　系统参数设置界面

4）数据维护

（1）数据压缩。

单击该菜单项压缩数据库数据，可节省硬盘空间。

（2）数据修复。

单击该菜单项将自动修复由于突然断电、死机等原因造成的数据库数据损坏。

（3）数据备份。

单击该菜单项出现路径窗口，选择备份路径和位置，点击 确定 可备份数据库数据。

（4）数据恢复。

单击该菜单项出现资源文件窗口，选择路径和文件名，点击 确定 可恢复备份的数据库数据。

（5）数据清空。

单击该菜单项清空数据库数据。

5）计算工具

（1）里程坐标转换。

该项功能是由桩号计算地图坐标、由地图坐标计算桩号。单击该项，进入"里程与地图坐标互算"窗口，如图 6-54 所示。输入桩号可以计算相应的设计坐标，输入地图坐标可以计算相应的桩号。

图 6-54　里程与设计坐标互算

（2）系统计算器。

计算器功能同 Windows 中的计算器，如图 6-55 所示。

图 6-55　系统计算器

8. 窗口

1）层叠

用以重排系统打开的窗口。

2）横向平铺

用以重排系统打开的窗口。

3）纵向平铺

用以重排系统打开的窗口。

4）全部关闭

关闭系统内的所有窗口。

5）地图窗口

控制地图窗口的隐藏与显示。

6）工具栏

控制工具栏的隐藏与显示。

7）状态条

控制状态条的隐藏与显示。

8）每日提示

单击该项，弹出如图 6-56 所示的"提示板"窗口，可以添加或删除信息。选取"下次启动不再显示此窗口"项时，系统重新启动时不显示提示窗；否则显示。

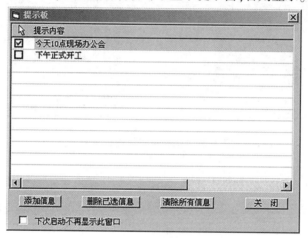

图 6-56　提示窗

9. 帮助

1）帮助系统

单击该项，打开帮助系统，如图 6-57 所示，可以获得本系统的使用说明。

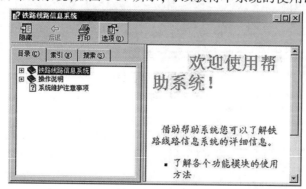

图 6-57　帮助系统

2）关于系统信息

单击该项，可以了解本系统的版本等信息，如图 6-58 所示。

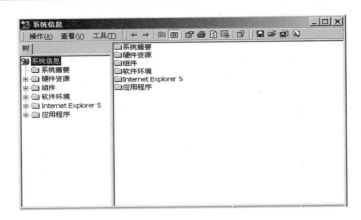

图 6-58　系统信息

(二) 工具条说明

系统工具条如图 6-59 所示。

图 6-59　系统工具条

1. 箭头按钮

按下箭头按钮,地图窗口的当前工具为箭头。

2. 放大按钮

放大按钮的功能是任意放大地图或布局。按下该按钮,用鼠标在工作区点击或拉矩形框都可实现放大功能,并以所在点的位置或矩形框中心作为放大后的地图或布局中心。

3. 缩小按钮

缩小按钮的功能是任意缩小地图或布局。按下该按钮,用鼠标在工作区点击或拉矩形框都可实现缩小功能,并以所在点的位置或矩形框中心作为缩小后的地图或布局中心。

4. 漫游按钮

漫游按钮的功能是重新设定地图或布局在窗口中的位置。按下该按钮,在工作区按下鼠标左键并拖动,重复进行这一操作即可实现地图或布局的漫游功能。

5. 点选择按钮

点选择按钮的功能是在地图上选择一对象,显示相关信息。操作如下:按下该按钮,用鼠标选择地图对象并单击左键该对象即被选中,并作相应的醒目显示,如加红等,在下面状态栏中显示对象名称。

6. 圆半径选择按钮

圆半径选择按钮的功能是在地图上选择圆区域范围内的对象,显示相关信息。操作如下:按下该按钮,用鼠标在地图对象上单击左键并拖动,显示一圆区域,其中的对象被选中,以醒目显示,如加红等,在右边信息窗中显示相关信息。

7. 矩形选择按钮

矩形选择按钮的功能是在地图上选择矩形区域范围内的对象,显示相关信息。操作如下:按下该按钮,用鼠标在地图对象上单击左键并拖动,显示一矩形区域,其中的对象被选中,以醒目显示,如加红等,在右边信息窗中显示相关信息。

8. 多边形选择按钮

多边形选择按钮的功能是在地图上选择多边形区域范围内的对象,显示相关信息。操作如下:按下该按钮,通过用鼠标在地图对象上单击左键,选择一个多边形区域,其中的对象被选中,以醒目显示,如加红等,在右边信息窗中显示相关信息。

9. 信息按钮

信息按钮的功能是在地图上单击一个对象后,显示详细信息。操作如下:按下该按钮后,把鼠标移到任一地图对象上,单击鼠标左键将弹出该对象的信息窗口。信息窗内显示对象的属性信息,如名称、图层等。

10. 距离按钮

距离按钮的功能是在地图上量算两点或连续多点之间的距离。操作如下:按下该按钮,用鼠标左键在图上单击两点或多点,在状态栏内将显示相邻两点间的距离并显示总距离。在同一点上连续双击左键即可结束这一操作。

11. 面积按钮

面积按钮的功能是在地图上量算三点或连续多点之间的面积。操作如下:按下该按钮,用鼠标左键在图上单击三点或多点,然后双击左键结束,在状态栏内将显示几个点包围的区域面积。

12. 标签按钮

标签按钮的功能是在地图上添加地图对象内置的属性。操作如下:按下该按钮,用鼠标左键在图上单击对象,将显示被点击对象的标注。

13. 添加符号按钮

添加符号按钮的功能是在地图上添加符号,符号类型可以改变。操作如下:按下该按钮,用鼠标在图上移动,单击左键,将添加一个符号。

14. 添加文本按钮

添加文本按钮的功能是在地图上添加文本。操作如下:按下该按钮,用鼠标在图上移动,单击左键,将可以添加文本。

15. 图元属性按钮

点击图元属性按钮,弹出图元属性对话框,可以查看、修改被点击对象的属性。

16. 图层控制按钮

点击图层控制按钮,弹出图层控制对话框,可以改变图层的属性或添加、移出系统中的图层。

17. 拷贝窗口地图

拷贝窗口地图的功能是把显示的图形拷贝到剪贴板。

18. 保存窗口地图

保存窗口地图的功能是把显示的地图存储为图像文件。

19. 打印窗口地图

按下打印机图标后,可打印窗口地图。

20. 帮助按钮

按下帮助按钮图标后，显示帮助窗口。

（三）鼠标右键的操作说明

在地图窗口上按鼠标右键即弹出一菜单，包括放大、缩小、漫游、刷新、拷贝、保存、打印 7 项，如图 6-60 所示。操作同上面的说明。

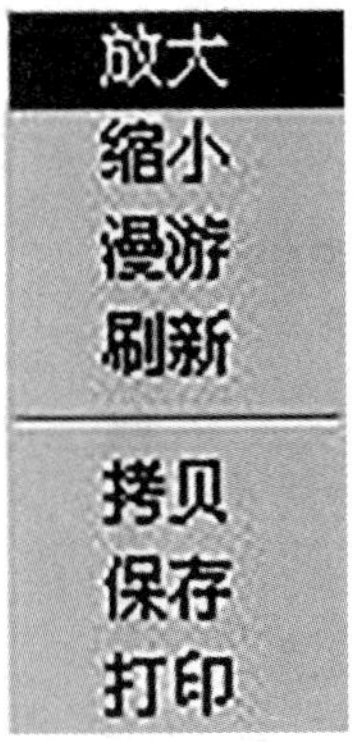
放大
缩小
漫游
刷新
拷贝
保存
打印

图 6-60　菜单

（四）状态栏介绍

状态栏包括鼠标当前位置的里程值，鼠标当前位置的 X、Y 坐标，选择对象的名称及量算结果等项，如图 6-61 所示。用鼠标沿线路移动时，可在状态栏第一项中实时显示里程值；鼠标在地图上移动，状态栏实时显示 X、Y 坐标；选择地图对象，在状态栏第 4 项显示对象名称；量算结果也在状态栏第 4 项显示。

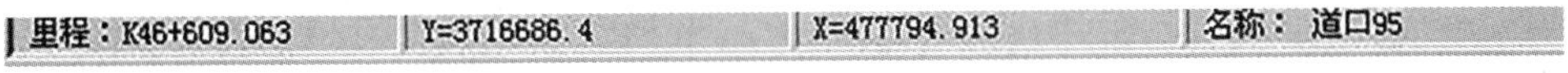
里程：K46+609.063
Y=3716686.4
X=477794.913
名称： 道口95

图 6-61　状态栏

第七章　市政工程地理信息系统

第一节　市政工程概述

一、市政工程概念

市政工程是城市基础设施的一个重要组成部分,是城市经济和社会发展的基础条件,是与广大市民生产和生活密切相关的、直接为城市物资生产和人民生活提供必不可少的物质条件的城市公共设施。

城市基础设施主要指:

(1)市政工程设施:包括城市的道路、桥梁、隧道、涵洞、防洪、下水道、排水管渠、污水处理厂(站)、城市照明等设施。

(2)公用事业基础设施:包括城市供水、供气、供热、公共交通(含公共汽车、电车、地铁、轻轨列车、轮渡、出租汽车及索道缆车)等设施。

(3)园林绿化设施:包括园林建筑、园林绿化、道路绿化及公共绿地的绿化等。

(4)市容和环境卫生:包括市容市貌的设施建设、维护和管理等。

现在常称的市政工程是一个狭义的概念,一般是指城市道路、立交桥、隧道、排水(含污水处理)、防洪、电力电信和城市照明等市政基础设施。但在一些国家和地区,则把市政基础设施、公用事业基础设施、园林绿化设施、市容和环境卫生都纳入市政工程的范畴,这就是广义的市政工程的概念。

市政工程是城市人民政府行为,是在城市总体规划范围内的城市建设工程设施,是人们应用工程技术、各种材料、工艺和设备在地上、地下或水中建造的直接或间接为人们生活、生产服务的各种城市基础设施。

市政工程若从其职能上划分,可分为建设与运营管理两部分。市政工程建设包括了市政基础设施的规划、勘察、设计、施工、监理、质量监督与检测、竣工验收等内容;市政工程运营管理包括市政基础设施的日常检查、定期检查、特殊检查、专门检验、长期观测、日常例行养护及路政管理等。

二、市政工程的基本属性

不管投资主体是谁,市政工程的所有权都属于国家,任何单位或者个人投资建设市政工程,他们只能获得一定时期的经营权而无法取得该工程的所有权;同时,市政工程的用户(使用者)为该城市的市民,所以市政工程具有以下一些明显的区别于其他建设工程的基本属性。

(一)综合性

建设一项市政基础设施,一般要经过规划、勘察、设计、施工和验收等几个阶段。在整个建设周期内,需要根据城市的总体规划和城市市政建设的中、长期规划和年度建设计划的安排,运用市政工程规划、地质勘察、水文勘察、工程测量、土力学、工程力学、工程设计、建筑材料、设备、工程机械、建设经济等学科的理论和施工工艺技术、施工组织管理、技术管理、质量管理等领域的知识,应用质量、工艺、物理、力学、化学的检测技术和电子计算机等技术,因而每一项市政工程都是一个涉及范围十分广阔的综合性的系统工程。

(二)社会性

市政工程是随着人类社会经济和物质文明的发展而逐步发展起来的,不同时期建造的市政工程设施反映出当时社会经济、文化、科学技术发展的水平,因而市政工程已经成为城市建设发展历史的重要见证之一。随着社会经济、文化和科学技术的进步和发展,市政工程设施不断为人类社会创造崭新的物质环境,成为人类社会文明不可或缺的组成部分,因而每一项市政工程,无一例外地都带有明显的社会性。

(三)实践性

由于市政工程融于社会、利于人民,其实用性、景观性是检验市政工程建设质量水平的重要标准之一。市政工程建设技术是通过不断总结前人在市政工程建设和管理方面的成功经验和认真吸取各种失败教训的基础上一步一个脚印发展起来的,所以,市政工程具有很强的实践性。

市政工程的发展必须要凭借工程的实践,原因是市政工程所处的社会环境与人们的日常生活息息相关,它为人们的生产和日常生活所必需。譬如人们早晨起来就得跟市政给水和排水打交道,一出门就要接触道路、桥梁和城市公共交通设施等。市政工程直接承受阳光、雨、雪、风、温度、湿度等水文气象因素的影响和车辆、行人及各种其他荷载的反复作用,而这些客观因素对市政工程设施的影响,仅通过室内试验与测试或仅凭理论分析,是难以如实地将其定量或定性的;只有通过工程实践,不断地进行现场实地检测、试验,对检测、试验数据进行系统分析,才能不断地总结建设实践经验,揭示工程建设中各种问题的实质,找出并认识这些问题的内在的、本质的、必然的联系和规律,并将其提升到理论,从而不断丰富市政工程建设的新理论、新技术。

(四)统一性

市政工程的统一性是指它在技术上、经济上和建筑艺术上的统一性。一项优良的市政工程设施,应该是技术上先进、经济上合理、外观上与周围的景观环境相协调,能够满足人们明显的或潜在的要求,安全地为人们的生产、生活服务。一项市政工程的建设不仅要满足它的使用功能,而且必须要在设计和施工上采用先进技术、先进工艺和最新的工程材料,建成后应该是城市的一个标志和一项优美的城市景观。如城市桥梁的发展,在技术上从简单的木桥、石板桥、石拱桥到普通钢筋土桥、预应力钢筋混凝土桥,再发展到现在大跨度的斜拉桥、悬索桥,每阶段的发展都是从技术上先进、经济上合理、构造上美观、使用上安全的统一性要求下不断取得发展的。市政工程与房屋建筑、公路和其他工程相比有其共性,但更有其特殊性,其最明显的特殊性就是它的统一性。

三、市政工程在城市建设中的地位与发展

市政工程是城市建设中最基本的基础设施，一个城市的建设只有完成了城市最基本的基础设施——市政工程的建设后才能显示其功能。例如，城市交通道路、桥梁、生活、生产用"水"——供水、排水和水处理，由此可见，一个城市若没有市政工程就成不了城市。因此，市政工程是城市建设的一个重要组成部分，是城市生产和生活不可或缺的最基本的城市基础设施。

市政工程是随着社会经济的发展、科学技术的进步而不断发展的。在社会发展对市政工程的需要不断地、迅速地增长的情况下，现实的可能性便是决定的条件，它对市政工程建设技术水平的发展起着关键的作用。首先是作为市政工程物质基础的建筑材料；其次是随之发展的设计理论与施工工艺技术。每当出现新的设计理论、新的施工工艺技术或优良的建筑材料时，市政工程的建设水平就会有飞跃式的发展。

中华人民共和国成立以来，我国市政工程的发展，有两次明显的飞跃：一是改革开放以来的第一次飞跃；二是我国经济体制从计划经济向市场经济的转变之后的第二次飞跃。凭借这两次飞跃，把我国城市建设特别是市政基础设施建设的发展推向一个新的水平。过去长期存在的"电灯不明、道路不平、饮水不清"的现象，在我国大多数城市已成为历史。一大批城市基础设施的建成，使城市的面貌大大改观，例如：上海的南浦大桥、杨浦大桥、广州的海印大桥与鹤洞大桥等斜拉桥；汕头海湾大桥、东莞的虎门大桥等大跨度跨海（江）悬索桥；广州的丫髻沙大桥等钢管混凝土系钢拱桥；深圳市的滨海大道和宽达 132 m 的深南大道等城市道路；广州市大坦沙污水处理厂等城市污水处理厂（站）。这些市政工程均采用了国内外最先进的建设技术和施工工艺，它们的建成为我国城市市政工程建设增添了不少的色彩，大大地提高了我国城市建设水平。

随着国民经济的发展，我国各城镇间的道路网络的建设，也从 20 世纪五六十年代的低等级的砂土路发展到今天的水泥混凝土路面和沥青混凝土路面的高等级道路，行车速度从过去的 20~30 km/h，发展到今天已超过 100 km/h。处于改革开放前缘的沿海地区的城市市政基础设施建设的发展，使市、镇、乡、村的道路网络难以严格区分是公路还是城市道路。路网建设的蓬勃发展带动了城乡的经济发展，而城乡的经济发展亦反过来促进了道路工程建设和城镇基础设施建设的进一步发展。

市政工程建设的成就是检验一个城市建设发展水平的主要标准之一。因此，市政工程建设必须实行"统一规划、配套建设、协调发展"和坚持"建设、养护、管理并重"的原则，坚持市政工程建设必须为人民的生产和生活服务的宗旨。市政工程建设必须按照国民经济发展水平和要求，有计划、有步骤地进行规划和建设。一项市政工程，除要满足当前市场经济发展需要外，还应当超前规划和建设。对已经投入运营的市政工程，应当切实加强管理和养护维修工作，以保证充分发挥它的功能作用，尽量延长其使用年限，为建设一个美丽的城市，为城市居民创造一个优美、舒适、祥和的生产和生活环境而发挥其积极作用。

四、市政工程地理信息系统

长期以来，城市市政工程的资料都是以图纸、图表等形式保存的，采用人工管理方式。

人工管理市政设施信息的问题主要表现在:资料易于损坏、丢失,查找不方便,更新困难,现势性差,精度低且精度损失大等。随着城市建设速度的加快,这种管理方式已不能满足现代化的需要,市政工程地理信息系统的建设势在必行。

市政工程地理信息系统是一个广义的概念,是对市政工程信息进行采集、存储、处理、统计分析、输出的系统。主要包括两大类:一类用于市政工程非空间信息的管理,如办公自动化系统、人事数据库系统、物资管理信息系统等,这些非空间信息的管理基础来源于数据库技术特别是关系数据库技术的成熟与完善;另一类基于地理信息系统技术,用于市政工程空间信息和属性信息的管理,如市政管网综合管理信息系统、供水管网地理信息系统、城市道路管理信息系统、市政工程地质信息系统等。

作为城市的一个部门或实体在实施第一类市政工程地理信息系统项目时,主要把目标定位在本部门的需要上;但在实施第二类市政工程信息系统项目时,应该把目标定位在市域性的城市地理信息系统(urban geographic information system,UGIS)之上。UGIS是为城市建设、城市规划、城市管理提供信息和信息服务的空间型地理信息系统,是浩繁的系统工程,是城市数字化的必由之路。UGIS的实现是由城市各个职能部门和各有关行业实体,各个专题GIS以一定方式集成的整体。相对UGIS而言,一个单位的信息系统不管大小,都是UGIS的子系统。UGIS的实现由某个单位独立包办是不客观的,协同配合才能健康发展。自然,市政工程地理信息系统的开发也必须兼顾UGIS的实现。

第二节　市政管网地理信息系统

一、概述

市政管线是城市基础设施中的生命线工程,由给水、排水、燃气、热力、工业、电力和电信七大类管线构成。它们功能各异、材质不同、形态多样,而且分属不同的管理、维护部门,各有各的管理模式。在很多城市,各种管线历来缺乏统一协调的空间表达标准,现有管线资料的空间定位数据的精度不明确、不统一,甚至有未作竣工测量以施工图代替竣工图交档的现象,加之传统的手工操作方式无法对城市地下管线进行科学有效的管理,以致市政工程施工中掘断光缆、凿穿煤气干管发生过重大事故。改革开放以来,城市建设有了快速发展,旧管线更新、新管线设计施工、新区管线规划、高层建筑的地基处理等都需要准确掌握地下管线的现状。所以,充分利用计算机信息技术建立市政管网地理信息系统,改变管线的传统管理模式已成为各城市迫切需要解决的问题。1995年3月28日,建设部召开了"全国城市市政公用设施普查工作会议",市政管线普查作为市政设施普查的一项重要内容,在全国各个城市迅速展开。许多城市在完成普查任务的同时,建立了市政管网地理信息系统,实现了管线的信息化管理,如北京市地下管网信息系统、随州市地下管网信息系统等。

市政管线信息是一种典型的空间信息,只有GIS才能够充分运用和发挥这一信息的固有价值。所以,市政管网地理信息系统应该是建立在地理信息系统平台上的专题系统。它不仅应具有地理信息系统的基本功能,同时应具有对市政管线进行综合管理和分析决策的功能。

建立市政管网地理信息系统,其作用和意义具体表现为:

(1)有利于用数字化产品全面地反映地下管网的现状,包括各类管线的空间位置、分布及其相互关系。由于管网的空间信息和属性信息实现了数据库管理,所以可以生成用户所需要的各种数字产品,如任一种管线的专题图、反映各种管网空间关系的综合图、管线的纵横断面图等,既可以按分幅图输出,也可以按任意图件输出,还可以按任意条件生成和输出各种图表和报表。

(2)有利于管网信息的有序化管理。可快速、准确地进行管网信息的检索和查询,进行各种统计分析和空间分析,为管理和设计提供准确而详细的数据,这种检索和查询是双向的,既可以根据图形查询属性数据,又可以根据属性数据显示相应的图形。

(3)系统可与流行的 CAD 软件连接,有利于规划、设计和敷设新的管线。

(4)可为市政工程施工建设及时提供准确而现势性好的各种资料,从而可大大地减少因地下管网信息不明或不准确所造成的各种损失。

(5)有利于紧急事故的处理,例如:煤气泄漏;供水管破裂;供电线发生火灾;其他意外事故造成对地下管线的破坏。通过信息系统的快速查询和空间分析,动态显示受影响的范围,快速制订抢救方案,如应关闭哪些阀门、切断哪一处电源等。

(6)有利于管网信息的维护,动态修测和更新。

由此可见,市政管网地理信息系统的建立和应用,可从根本上改变目前无序的人工管理状态,节省大量的人力和物力;为管理、设计、决策快速准确地提供各种所需的图、文、声、像并茂的资料,保证城市生命线工程的有序运行;对于提高城市人民的生活质量、保护国家财产和人民生命安全等极具重要的政治经济意义。

二、市政管线的种类和特点

市政管线是运送物质、信息或能量的线状实体的总称,是现代化城市(包括企业)的主要传导设备和重要的基础设施,担负着各种物质的输送和调配、各种通信信息的传输。它们的状态和运行状况直接影响着城市整体运营状况。一般包括以下七大类:

(1)给水管线:工业给水管线、生活给水管线、消防给水管线。

(2)排水管线:污水管线、雨水管线。

(3)燃气管线:煤气管线、液化气管线。

(4)热力管线:天燃气管线、蒸汽管线、热水管线。

(5)工业管线:氢气管道、氧气管道、乙炔管道、石油排灰、排渣管道、化工专用管道。

(6)电力管线:高压线路、供电线路、路灯线路、电车用电线路。

(7)电信管线:长话线路、广播电视线路。

各种管线大部分埋设在城市的地下空间,构成纵横交错、错综复杂的网状,故通常也称为地下管线。根据管线的形状与用途,可以作如下划分。

(一)管道类管线(pipe)

这类管线包括运水管道和煤气管道,一些特殊的工业管道(如输油管、输料管)也属此类。它们的共有属性有管径、管材、埋设年代、接头形式、埋深、使用状况、压力值等。管道与道路一样,也有主管、干管之分,它们形成特有的网络体系。

(二)排水道类管线(sewer)

主要用途是污水、雨水的处理,设施的主要特点是水道比其他管道大,其实是一种"道"而非"管"。尽管如此,一般也把此类管线归于第一类的管道管线之中,它们有相同的属性。

(三)缆线类管线(cable)

其材料类型是缆线,其实是没有"管"的意义。缆线管线以传输能量和信息为特征,可分为三类:电力线、电信线、电视电缆线。

电力线有高压线和普通电力线之分。高压线用于将电力从一个地区输送到另一个地区,普通电力线则是经降压之后供生产、生活使用的线路。电力线的属性信息包括电线的粗度(直径)、使用日期、埋设深度(或架设高度)、电压值、绝缘与否、相位数、所属变电站等。

电信线是信息流动的通道,如电话线、光纤线。它们与电力线一样连接到城乡的千家万户。信息高速公路的建设离不开电信线,其属性包括通信能力(通道数)、各通道参数、埋深(或架设高度)、使用日期、所属控制箱等。

电视电缆线提供电视信号。随着多媒体技术的发展,电视电缆线的应用范围将超出纯粹电视信号的传送。其属性与电信线类似。

对于缆线类管线有地下和地上之分,地上缆线无论是从架设成本或从维修方便程度都优于地下管线,但前者易于受气候影响,且影响市容美观,因而较为发达的城市一般采用地下敷设的形式。由于管道种类较多,一般在地下开辟特别的地下空间,用于统一安置,这一过程在设计中称为管线综合,各管线间的距离、深度应满足其专业上的要求。

上述各类管线上配置不同的建(构)筑物及附属设施,如表7-1所示。在管线探测和普查时,不但要精确地测定管线的位置、走向、埋深,同时要实地调查管道的断面(管径或管宽、管高)、电缆根数(对电力、电信管线而言)、材质、建(构)筑物、附属设施、传输物体特征(压力、流向或电压等)、敷设时间和单位及管理部门等。上述与管线有关的空间信息和属性信息称为市政管线信息,前者用在统一坐标系(如高斯–克吕格平面坐标系和正常高系)中的坐标 X、Y 和 H 来表示,后者用字符、文字或数字表示。

市政管线的密度和分布与城市的建设程度有着直接的联系。通过对其基本特征及相互关系的分析,可得出管线如下一些特点:

(1)隐蔽性大,空间位置信息的获取较困难,且精度较低。

(2)在城市的分布是不均匀的,密度从城市中心向边缘逐步减少。

(3)地下管线纵横交错,密如蛛网,各类管线间的关系复杂,每一管线都由管线段、建(构)筑物和附属设施组成,多呈树枝状、环状或辐射状。管线的各组成元件相互联系、相互影响,共同发挥作用,任一元件发生问题都会对系统的正常运行产生影响。

(4)一旦事故发生,需要立即抢修,但出事地点和抢修范围都较难确定。

(5)任何管线都可看成空间的四维向量,即除平面位置外,还有竖向位置(深度或高度)和铺设时间。一般在空间信息系统中,后面两维信息只存储于属性数据库中,它们是管线工程的重要数据源。

表 7-1 地下管线的附属建筑物与附属设施

专业	建(构)筑物	附属设施
给水	水源井,给水泵站,水塔,清水池,净化池等	阀门,水表,消火栓,排气阀,排泥阀,预留接头,各种窨井等
排水	排水泵站,沉淀池,化粪池,净化构筑物,暗沟地面出口等	检查井,跌水井,水封井,冲水井,沉泥井,排污装置等
燃气、热力及工业管道	抽水井,调压房,煤气站,锅炉房,动力站,储气罐,冷却塔等	浓缩器,排气(排水、排污)装置,凝水缸,各种窨井等
电力	变电所(站)、配电室、电缆检修井、各种塔(杆)等	杆上变压器,露天地面变压器等
电信	变换器,控制室,电缆检修井,各种塔(杆),增音站,差转台	交接箱,分线箱,各种窨井等

（6）地下管线在城市中的布置有许多原则或规定,如与道路红线、中心线的关系,距离建筑物的远近、埋深及与线状地物的交叉等都有一定要求。因此,地下管线要与地面上的地物、地形表示在统一的坐标系统下。

（7）从数据结构的观点来看,管线可归纳为由点和段构成,其拓扑关系和数据结构较简单,且一旦建成,管线的变化性相对比较小。

市政管线信息作为城市空间基础信息的重要组成部分,对城市规划、管理、开发的决策具有举足轻重的作用,是城市地理信息系统不可或缺的信息。因此,从它的数据采集阶段开始,就应以科学的适合 GIS 原则的编码方案指导数据的采集和录入,鉴于国家标准的地下管线编码方案尚未颁布,须先自行设计。设计应遵循规范化原则,并具备可扩充性,同时顾及与地形要素编码、地籍信息编码形成协调的体系。这种编码技术与应用 Auto-CAD 实现的电子地图一类系统的数据分层技术有质的区别,假若为了方便而套用此类分层方法,在数据汇入 UGIS 的时候,必将造成二次投资或重复投资的浪费。

三、市政管网地理信息系统的建立

市政管网地理信息系统以各类管线的空间信息和属性信息为核心,利用地理信息系统技术、计算机图形学技术、数据库管理技术对城市各类管线进行综合管理,为市政施工和管理部门提供市政管线准确的走向和埋深等有关信息,通过进行各种统计分析和空间分析,可为领导部门提供辅助决策功能,实现管线管理的科学化和自动化。

市政管网地理信息系统的建设是 GIS 系统工程,应以系统论、信息论和控制论为指导,以系统分析的方法研究发展路线,以系统工程的方法组织开发建设。系统的运行需要软硬件平台、空间数据库、系统管理员同步到位,需要合理组织实施。在保证质量的前提下,力争最短开发周期。

在系统构建中,需要用到管线信息编码技术、管线信息数据结构技术;管线网络的空间拓扑关系的描述;管线信息的空间分析技术;计算机管线规划、设计和调整分析技术。

(一) 系统分析

系统分析是在对用户进行深入细致的调查基础上进行的,它是地下管线信息系统建立的基础和出发点。通过与系统用户进行书面或口头交流,将收集的信息根据系统软件设计的要求归纳整理后,得到对系统概略的描述和可行性分析论证文件。

城市地下管线信息系统的主要用途是为城市规划、建设和管理部门提供城市主干管线的动态信息和决策支持服务。因此,一个地下管线信息系统应该满足如下几方面基本要求。

1. 数据输入输出方面

系统应具有完善的地形和管线图形及属性信息的输入编辑功能,保证基础地形数据库和管线数据库的准确性、安全性、现势性。能够让数据维护人员方便地输入各种管线数据和地形图数据,包括对图形的各种方式的输入(文本、手工、转换等)和编辑功能(如增加、删除、修改等),对属性数据的输入和编辑功能,对数据库的管理功能(如复制、删除、修改等)。

系统应具有完善的数据接口,能够进行各类管线数据和地形数据的转入与转出。系统需提供一些必要的辅助工具来检测输入数据的质量和准确性,如属性录入情况检查、图形数据与属性数据的一致性检测等。

2. 管理与分析功能

系统应具有强大的数据查询(如坐标查询、路名查询、图幅查询、各类专项管线独立查询等)和统计功能,完成对现有数据的查询、统计和分类管理,并可以根据查询或统计的结果生成满足要求的报表、图形等信息。

系统应具备建立决策支持模型的能力,从而为政府的宏观决策提供信息支持。例如:在新区管线规划设计和现有管线规划调整设计中,模拟各种管线分布进行虚拟管线与实有管线的空间叠置分析,管线的各阶段增长分析,特定区域的管线数据汇总,特定区域的管线剖面等,实现计算机辅助设计和决策。

系统能够对管线运行状态进行综合分析评价,对各管线的故障进行最佳路径分析及给出应急措施的抢修、抢险方案。

系统要具有专业管线图形制作功能,能够为政府决策、规划建设提供详实的专业管线图形和报表资料,如平面图、带状图、断面图等。

系统要有较为完整的符合国家标准的符号库,使得图形数据的表示准确可靠。

系统要为以后管线管理的发展留有接口,保证以后系统功能的进一步扩展和深化。

3. 系统的可靠性与易用性

系统要具有较高的安全性,包括对数据库的管理、系统使用的管理等,并提供相应的安全管理工具。系统在界面和功能的设计上,要符合目前国家有关标准及管网管理的一些习惯,使系统容易掌握和使用。系统在网络方面要简单、实用,并具有较高的安全保障。系统要有较灵活的图形显示和管理功能,使用户能够较为自由地选择显示方式,体现个性化的表达特点。

(二)系统设计

1. 系统总体结构

地下管线信息系统是空间型信息系统。系统以各类管线的空间数据和属性数据为基础,在计算机软硬件支持下,有效地实现对信息的复合与分解、查询与更新、分析与辅助决策,为城市的管理、发展预测、规划决策提供服务。其总体结构如图 7-1 所示,分为以下几个模块。

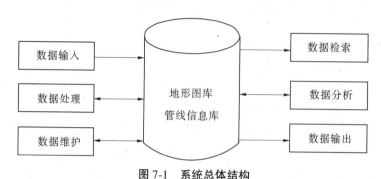

图 7-1　系统总体结构

1) 数据输入模块

数据输入模块:各种管线图、地形图、影像图通过图形数字化进入系统;外业管线采集数据通过传输设备批处理进入数据库;各种管线设计资料、施工资料、管线属性通过键盘输入数据库。

2) 数据处理模块

数据处理模块:对管线数据及地形图进行转换、检核、编辑、动态更新,系统提供多种工具完成对图形、属性等数据的更新,保证数据的准确性和现势性,对图幅及其索引图进行管理。各类管网图数据库与地形要素空间数据库和正射影像库复合,生产相应比例尺的管线平面分布图和纵横断面图。

3) 数据维护模块

数据维护模块:对系统所用的参数进行设置;提供安全机制以免数据的非法使用及流失;提供各种工具保障系统安全、高效的运行;支持多种存储设备的备份和恢复;完成与其他系统(如测绘、规划、地籍)能方便地进行数据交换和通信等。

4) 数据检索模块

数据检索模块:系统提供数图、图数及缓冲区等多种方式对管线、附属物等进行综合查询。查询不限定一种管线,可以同时对各种管线进行查询。具体包括:对地形属性查询;坐标位置查询;管线测量点查询;管线管段查询;图例(地形图与管线)查询;利用 SQL 进行图形属性查询等。

5）数据分析模块

数据分析模块：对各种条件的管线进行统计；对管线进行缓冲区分析；对管线和地形图进行叠置分析；计算距离；最佳路径分析等；管线剖面图的生成；可对各类管线进行透明的三维显示和分析。

6）数据输出模块

数据输出模块：除完成各类报表的输出外，还对管线和地形图进行各种各样的显示与输出。

2. 系统数据组织

系统地形数据和管线数据种类繁多，形式多样，有文字数据、统计数据、图形数据、图像数据等。为了节省人力、物力、财力，实现不同系统间的数据交换和数据共享，必须按国标或行业标准制订规范的数据组织方案和编码方案。数据结构设计主要包括设计地形图要素的分层，管线空间数据的分类、分层，以及管线属性数据库的属性项。简言之，就是数据的分层及属性库的结构设计。

3. 系统软硬件配置

从系统工程的观点来考虑系统的软、硬件选型与配置，总体上应遵循以下原则：尽最大可能满足城市地下管线信息动态管理的实际需要，保证建立的信息系统在一定时期内技术上的相对先进性；保证在一定时期内所建系统软、硬件的相互兼容性和系统的易扩展性；在确保实现系统所需功能的前提下，尽力降低系统配置所需的资金投入，保持系统较高的性价比。另外，系统建立时应考虑当时的技术条件、市场价格等因素。

1）硬件的选择

城市地下管线信息系统的硬件平台应包括图形输入、输出设备，数据存储和处理设备。主机可以是高档微机、工作站或在网络环境下运行。对各种可选外部设备的选配应根据用户的需要而定。计算机硬件技术的发展日新月异，每隔3~5年就会更新一次。好在其性价比不断提高，硬件标准化程度亦不断增加。因此，只要能创造价值和产值就应抓紧购置硬件而不必担心仪器的换代。目前的主流配置是网络服务器和高档PC微机。硬件的选配也应遵循以下原则：硬件平台性能价格比较高、可维护性好、可靠性高；硬件的速度及容量应能满足系统及用户的使用要求，且易于扩展；所选的硬件销售商应有较好的技术支持和售后服务。

2）软件的选择

目前世界上出售的商用GIS软件系统很多（达400多种）。评价一个GIS软件的优劣，主要考察软件的功能和系统的效率，而功能和效率又多少可从GIS的数据结构、数据模型及处理方法上反映出来，如表7-2所示。

软件系统的选择除考虑功能和效率外，还应考虑到它为用户提供的界面是否友好，对我国用户来说，系统汉化也很重要，因为GIS的末级用户是各级领导、管理人员和一般工作人员，必须易读、易懂、易用，有较好的提高和帮助功能。系统还应为用户提供二次开发的良好环境，以便充分发挥GIS的效能。这些因素均为选购软件所要考虑的因素。

表 7-2　GIS 软件特点的比较

处理方法	数据结构与模型			
	矢量(拓扑)	栅格	矢量加栅格	面向对象
图形和属性数据 分开处理	MapInfo	IDRISI	无	无
混合处理	ARC/INFO GENAMAP	ERDAS ILWIS	SPANS ARC/INFO	无
完全结合	TIGRIS	研究中	MGE	MGE

(三) 系统的实施

系统设计通过审查、修改之后就进入系统的实施阶段,包括:

(1)硬件设备的安装和调试。

(2)工具软件的安装与检查。

(3)系统编程。

(4)系统的调试和组装。

(5)试运行与验收。试运行应达到以下目的:①检查系统的稳定性和可靠性,继续深入检查系统中数据的正确性,深入了解系统的各项功能;②开发方与用户共同合作培训使用人员、配备管理人员、完善管理机构,使用户逐渐独立进行管理;③完善管理制度,建立一整套运行管理的管理制度、维护制度。

总结运行情况,编写使用报告,提交改进意见和提供验收。

第三节　市政管网地理信息系统数据库

一、数据来源

管网地理信息系统作为城市基础地理信息系统的一个有机组成部分,所涉及的数据主要有两大类:一类是各种管线的图形数据和属性数据;另一类则是反映地面景观状况的地形数据。此外,还有为系统运行服务的数据及其他数据(如管线规划图、城市规划红线数据及有关管理法规资料等)。

(1)管线的图形数据与属性数据。管线图形数据主要确定管线的位置和相互间的关系,属性数据用来表示管线的性质特征。在许多城市中,由于管线基础数据的不完整、不可靠,经常发生因施工挖断管线的现象;一旦发生爆管事故,很难及时采取有效的应对措施。因此,近些年来,不少城市进行了大规模的城市地下管线普查和测绘工作,采集各种管线的图形数据与属性数据。此外,城建档案资料、管线规划设计资料及工程竣工测量资料也是重要的管线数据源。如果这样的资料不是以数字形式存在,则需要对它们进行扫描或数字化处理。这些数据总的特点是结构比较复杂,属性项较多。

(2)地形数据。管网地理信息系统必须使用必要的反映城市地物地貌特征的地形数据。建立系统所用的基本地形数据一般来自城市基础测绘成果。少数情况下，在进行管线探测的同时也采集地形数据。这里对地形数据的最基本要求是能够满足日常管线管理和维护分析的需要。由于管线系统通常涉及的是主干管线，所以经常使用带状线划地形图，地形图的比例尺一般为 1:500。

（3）其他数据资料。管线系统中的其他数据资料一般通过收集的方式获得。

城市管网地理信息系统中的数据流程如图 7-2 所示。

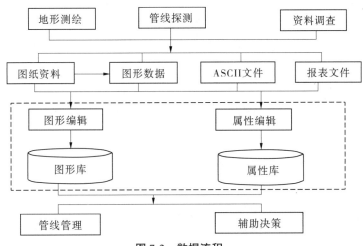

图 7-2　数据流程

二、管线空间数据的组织

市政管线数据库按给水管线、排水管线（污水、雨水）、煤气燃气管线、电力线、电信线及其他工业管线的分布、管材、管件等组织空间数据和属性数据。管线数据库的建设先要解决数据结构问题，其中的关键是空间数据的组织。从管线的众多类别看，分层的数据组织方式是必然的，即每类管线构成单独的数据层（空间文件）。从管线所属部门来看，分层的体系也便于各部门分别管理各自的数据。

此外，空间数据文件的大小对系统的运行效率有直接的影响。如果文件太大，系统的操作将变得十分缓慢。而文件的大小是由管线的数量决定的，对于中小城市，这个数量不会影响到将整个城市的某类管线存入一个文件的效率；而对于北京、上海这样的特大城市，情况就有所不同，它们建成区的面积很大，管线也就很多，需采取一定的方法来减少数据文件。这就是空间数据组织中的分块（区）方法，分块时应保持空间上的一致性，也就是说，城市各类专题数据的分块都应按统一的标准进行。分块有规则分块和不规则分块两种。规则分块就是以标准比例尺的图幅为单位进行，可以以一幅图或几幅图一起为基础分块，如 1:500 图可以相邻 9 幅图作为一块，而 1:2 000 图则可以一幅图作为一块。不规则分块可用道路围成的区域为依据，也可用行政区划边界（如街区边界）为依据。图 7-3 是分块数据的一种组织形式。

形成数据库的组织体系之后，还要分析具体数据文件的组织结构，从图形实体类别来看，一条完整的管线由管线的线和管线之间衔接的点组成。管线的线从图形上区分有直

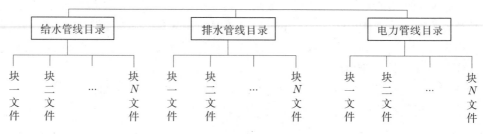

图 7-3　分块数据的组织

线、曲线、圆弧线几类;管线点则可分为管线特征点(如弯头、三通、四通、出入孔等)和附属物点(消防栓、阀门、给水井)两个基本类别。从图形实体划分,一条管线有线实体和点实体构成。而线实体的起点和终点也由点实体定义,包括:特征点、附属物点、变径点、变材点、埋设年代变化点等。管线点属性中也要存储管线的连接信息,建立完善的拓扑关系。

三、数据的分类编码

城市地下管网信息系统涉及多种数据,为了进行有效的管理和分析,必须按照统一的规则对它们进行分类编码。编码时,除能做到对于地物唯一性标志之外,而且还应能用尽可能简洁的方法表示出地物之间的相互关系。对于管线图形要素来说,即要求管线要素的编码不仅能反映出具体管线要素的种类特征,还应能反映出该要素其他周围地物或环境的一种简单关系。可以用《城市地下管线探测技术规程》(CJJ 61—2017)中描述的管线分类方法对管线要素进行定性的编码,而管线要素与周围地物关系的描述,则可以采用将管线要素与管线所处的地理环境,如管线所处的道路、管线所在的城市方位等关系来建立管线要素与周围地物的关系。由此管线要素的编码,就可以由道路代码或城市方位等方位码再加上管线的分类编码和序号来组成。

(一)城市道路的编码

作为管线分类编码的准备,管线信息系统的设计者、实施者在系统设计之初,就应对城市内的各条主次道路,进行统一的排序、编码。应该看到,道路的编码在整个信息系统的编码中占有着相当重要的位置。但是在城市道路的统一编码工作时,由于各个城市的具体情况不一样,所以各城市应根据本市的实际情况,来进行道路的编码工作。

首先是确定城市道路编码采用的位数。显然,对待大、中、小城市的处理方法在此应有所区别。另外,管线信息系统处理的管线业务范围的大小也将影响道路编码的取位。对于一般的规划管理部门,仅要求对道路的规划红线范围内的管线作管理,道路编码的取位只要能满足城市内主要一级、二级干道的编码即可,这时道路编码的取位,即使考虑到城市以后的发展需要也只需 3~5 位即可。但对于较大型城市的管线具体职能部门来说,3~5 位的道路编码就不一定能满足系统的需要。

其次是道路编码具体方法的确定。道路编码可采用的方法有:根据道路主次干道分别进行编码的方法;根据道路方位走向进行编码的方法等。对于大型城市,道路代码应由方位码、分类码、走向码、序号构成。

(二)管线要素的编码

管线编码包括管线段编码及管线点编码。城市管线一般包括几大类,每类又都包含相应的附属物。如排水管线对应的附属物有检修井、弯头、出水口、泵站、出口闸等。所以,对管线要分别按照线和点的方式进行编码。

1.管线段编码

管线段指各类管线在管线结点之间的连接线。管线分管段编码,以路口至路口的管线为一条大管段,其中再按材质、敷设时间、管径等分为小管段。管段编码应由两部分组成,即管线所在的道路编码加上管线的特征码。

表7-3为管线段的特征码表。

表 7-3　管线段的特征码表

特征码	管线种类
G××××	给水
W××××	污水
R××××	液化气
L××××	电力
X××××	电线

第一位是符合国家建设部分类标准的管线分类码(可以用数字、汉语拼音的首字母或英文首字母表示),分类码的后面是一位子码及三位顺序码,子码是某一类管线所在路段的序号,顺序码是管线外业调查时同一路段按一定的顺序给管线编的号码。这样的编码法可以满足内外业的要求,对于不同的系统也可以做到数据共享。

管线段编码一般应在管线外业调查时即应由工作人员调查清楚。编码组成为:

[×××××]　　+　　[×]　　+　　[×]　　+　　[××]

(道路编码)　(G/W/R/L)(0/1/···/9 或字母)(00~99)

2.管线点状要素的编码

进行点状要素分类编码的目的:一是给管线测量外业中的点制定一个统一的命名规则,以利于外业测量及内业通信;二是最终在系统建成时使得每一个点都有一个独立的点号与之对应。

管线点状要素编码的一般做法是:点状要素的特征码加上所属管线段的若干位编码。点状要素的特征码由点状要素的分类码加2~3位顺序码构成。分类码表示要素的类别,如阀门用 F 表示、消防栓用 X 等。点状要素具体编码如下:

[×××××]　　+　　[×]　　+　　[×]　　+　　[×××]　　+　　[×]　　+　　[×××]

(道路编码)(G/W/R/L)(0/1/···/9 或字母)(000~999)　(F/X/···)(000~999)

所属管线段的编码　　　　　　　　　　　点状要素的特征码

(三)地形数据编码

对于不同比例尺的地形数据,其地物与地貌要素的编码原则上应遵循现行国家标准(GB/T 15760—2004)和(GB/T 3787—2006)。

四、数据库组成

根据系统涉及的数据类型,系统数据库由基础图库、管线图库和管线属性库组成。

(一)基础图库

基础图库包括1:500地形图图幅、规划道路红线、道路中心线和系统的符号库、颜色表等基本资源。为了管理需要,把地形图图幅组合成一幅地形索引图;为了查询分析,对所有地形图上的地理要素要进行编码。

(二)管线图库

管线图库主要存储与各类管线有关的图形数据,包括各种管线图、各管线对应的附属物及注记图等。数据库用拓扑关系存储线段之间的连接关系,包括结点位置、管线段数和管线段号等信息。管线图形要素参照前面的方法进行编码。

(三)管线属性库

管线属性库由管线点库、管线段库及道路中心线三部分组成,反映了各类管线及其附属物的位置、结构等属性信息。具体包括:

- 管线平面位置、埋深、走向等。
- 用途、材料、规格、管径等。
- 产权单位、建筑单位等。
- 检查井、检修井、表井、消防栓、雨水井、污水井、暗井等。
- 入水口、出水口、管沟、人防洞室等。
- 各类井、点的平面坐标和地面高程等。

用实体–关系(E–R)模型来表示各属性之间的联系,如图7-4所示。

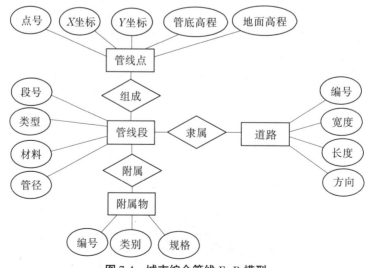

图7-4　城市综合管线E–R模型

　　属性信息一般使用关系型数据库进行管理,并根据系统要求分别定义其相应的属性结构。

　　1.点库表结构

　　点库表结构如表7-4所示。

表7-4　点库表结构

字段名	变量类型	宽度	小数点	说明
GXID	数值型	11	0	点号
GXLX	字符型	10		管线类型
G-GXLX	数值型	6	0	管线类型编号
TSBM	字符型	5		图式编号
TFH	字符型	10		所在图幅号
DX	字符型	8		点性
DMGC	数值型	19	9	地面高程
GDGC	数值型	19	9	管顶高程
CZ	字符型	8		材质
X	数值型	19	9	X 坐标
Y	数值型	19	9	Y 坐标
PXJ	字符型	16		偏心距
BZ	字符型	20		备注
LINE-ID	数值型	11	0	所在线号
QNODE-ID	数值型	11	0	前连接点点号
HNODE-ID	数值型	11	0	后连接点点号
QMAP	字符型	8		前连接点所在图幅号
HMAP	字符型	8		后连接点所在图幅号

　　2.管线库表结构

　　管线库表结构如表7-5~表7-7所示。

表7-5　给水、煤气、热力、工业管线库表结构

字段名	变量类型	宽度	小数点	说明
GXID	数值型	11	0	管线编号
GXLX	字符型	10		管线类型
G-GXLX	数值型	6	0	管线类型编号

续表 7-5

字段名	变量类型	宽度	小数点	说明
CZ	字符型	8		材质
GJ	数值型	11	0	管径
BZ	字符型	20		备注
JSRQ	日期型	8		建设日期
DLM	数值型	11	0	所在道路号
FNODE-ID	数值型	11	0	起始点编号
LNODE-ID	数值型	11	0	终止点编号
FMAP	字符型	8		起始点所在图幅号
LMAP	字符型	8		终止点所在图幅号

表 7-6　电力、电信、路灯、军用管线库表结构

字段名	变量类型	宽度	小数点	说明
GXID	数值型	11	0	管线编号
GXLX	字符型	10		管线类型
G-GXLX	数值型	6	0	管线类型编号
MSFS	字符型	8		埋设方式
KGS	数值型	11	0	孔根数
GDMK	数值型	11	0	沟断面宽
GDMG	数值型	11	0	沟断面高
KDMK	数值型	11	0	块断面宽
KDMG	数值型	11	0	块断面高
DY	数值型	19	9	电压
CZ	字符型	8		材质
BZ	字符型	20		备注
JSRQ	日期型	8		建设日期
LINE-ID	数值型	11	0	所在道路号
FNODE-ID	数值型	11	0	起始点编号
LNODE-ID	数值型	11	0	终止点编号
FMAP	字符型	8		起始点所在图幅号
LMAP	字符型	8		终止点所在图幅号

表 7-7　雨水、污水等排水管线库表结构

字段名	变量类型	宽度	小数点	说明
GXID	数值型	11	0	管线编号
GXLX	字符型	10		管线类型
G-GXLX	数值型	6	0	管线类型编号
CZ	字符型	8		材质
GDMK	数值型	11	0	沟断面宽
GDMG	数值型	11	0	沟断面高
GJ	数值型	11	0	管径
BZ	字符型	20		备注
JSRQ	日期型	8		建设日期
LINE-ID	数值型	11	0	所在道路号
FNODE-ID	数值型	11	0	起始点编号
LNODE-ID	数值型	11	0	终止点编号
FMAP	字符型	8		起始点所在图幅号
LMAP	字符型	8		终止点所在图幅号

3. 道路中心线库

道路中心线库表结构如表 7-8 所示。

表 7-8　道路中心线库表结构

字段名	变量类型	宽度	小数点	说明
LDID	数值型	11	0	路段编号
LDKD	数值型	11		路段宽度
LDCD	数值型	11	0	路段长度
FX	字符型	8		道路方向
FNODE-ID	数值型	11	0	起始点编号
LNODE-ID	数值型	11	0	终止点编号
VPD	数值型	10	0	纵坡度
HPD	数值型	10		横坡度

第四节　城市供水管网地理信息系统实例

一、概述

城市供水管网的管理是市政管网综合管理的重要组成部分。传统的供水管网信息管理是完全依靠人工进行的,其工作效率低且比较混乱。随着经济的发展,城市的规模不断扩大,需水量和供水面积逐年递增,城市在对部分老管道进行更新改造的同时,又新敷设了一些供水管道,使供配水系统管理日趋复杂。加之档案保管分散,供水管网资料不能得到及时更新,致使在进行供水管线建设和维护时,经常出现供水调度困难,以及误挖、误伤供水管线的事故,使人们的日常生活生产受到影响。

地理信息系统是融合地理学、几何学、计算机科学及各类应用对象为一体的综合性高新技术。其最大特点在于把文字信息与图形信息有机地关联了起来,从而很轻松地实现了信息的图文并茂表示方式。因此,在地理信息系统的基础上开发城市供水管网地理信息系统,有助于提高城市管网管理的信息化水平。

1. 系统目标

城市供水管网如蜘蛛盘网、星罗棋布,按用途可分为生活用水、生产用水、消防用水、事故用水等;按供水管道材质分有铸铁管、碳钢管、玻璃钢管等各种管道。在供水管网地理信息系统建设中必须能满足市政管理部门对供水管线及辅助设施空间信息和属性信息的要求;能够进行管线及辅助设施的空间定位和属性提取;能够为管线及辅助设施的维护、设计施工和管线改线提供辅助决策依据;能够满足供水管线及辅助设施的空间及属性信息数据的录入和输出要求;能够满足用户对系统信息数据不断进行更新的要求。

2. 系统特点

基于系统所确立的目标,系统应具有实用性、先进性和通用性三个方面的特点。实用性即系统能为城市供水管网的管理提供一种全新的计算机管理方法,并同时具有良好的用户界面,最大限度地降低操作人员的计算机专业化要求,便于用户的日常操作和系统维护;先进性则体现在系统的设计开发应采用最新的计算机硬件设备和地理信息处理技术,它是系统实现良性运行的保证;通用性即系统应具有较强的可移植性。

3. 系统功能

根据系统所确立的目标,系统建立后应能完成城市地下输配水干线及设施的计算机管理和信息查询,并能为现有管线和设施的维护抢修及新建管线的设计施工提供辅助决策信息。因此,系统应具备系统管理、数据录入、信息更新、信息查询、统计计算、专业应用、信息输出等7个方面的功能。由于该系统是一个专业系统,因此系统功能应尽量做到专业化,而不是通用化。例如:地图索引、点坐标提取、对象属性编辑、对象转换、线条分割、数据库合并、对点查询、管爆信息提取、断面图提取、分类查询、分类统计、各种专业图形(包括水厂图、小区图、点之记图、断面图、专业决策图等)的提取显示输出等功能。

二、某市供水管网地理信息系统

某市供水系统发展迅速,各种基础资料都较为完备。为了提高信息化水平,更好地适应社会和经济发展的需要,建立了供水管网地理信息系统,应用地理信息技术统一管理与供水管网有关的各种图形资料和数据,改变传统的管理模式,使供水管理摆脱了对个人知识和经验的依赖,促进了供水管理的现代化。

(一) 系统概况

系统以该市 1:1 000 地形图作为基础图。已录入市区 1:1 000 地形图 472 幅,实地面积 94.4 km²。在管理范围内包括输水、供水管线 247 452 m,自来水厂两个,阀门 780 个,水表 415 个,消防栓 357 个,测压点 10 个,此外还包括该市 133 个小区的供水管网图,57 个主要道路交叉口节点图和 79 个街道横断面图。

该市供水管网信息系统中,操作系统和软件约占 95 M 空间,数据资料约占 280 M 空间。

系统总体框架见附录二,具有如下功能。

(1)基础图的数字化,编辑修改。

(2)在不同的图形处理系统和系统间进行的数据格式转换。

(3)属性(文字)数据的录入、编辑、修改。

(4)在管理系统中对图形数据和管线数据的增、删、修改,对对象的分解、合并,对指定区域进行删除、增加等功能。

(5)对图形进行任意比例的放大、缩小、漫游、分层(类)显示等功能。

(6)对管线和各种附属物进行定性、定量查询或模糊查询。

(7)对水厂图、小区图、节点图等进行专项提取功能。

(8)获取任意点的坐标和点间距离的功能。

(9)提取任意点之间的横断面图和纵断面图。

(10)对管线和各种设施分层、分区域进行定量、定性的统计、总计和分析。

(11)对水管破裂点提供管爆处理信息,包括所涉及管线、阀门的属性资料和有关的地形图等。

(12)可对查询、统计、分析所得的各种表格资料打印输出,可绘制基本的分幅地形图和所需区域或内容的管线图。

(13)系统维护功能中可设置运行有关的各种参数,进行系统初始化、存盘、备份、设置及更改密码、确认及撤销编辑权限等。

(二) 系统运行的环境

系统在高档微机上运行,操作系统和软件及数据资料约需 375 M 硬盘空间。系统对软硬件要求如下:

(1)为保证基本的运行速度和功能,系统的最低配置为:

CPU:PII300 , RAM:128 M ,硬盘 4 G,高分辨率彩显。

A0 幅面彩色喷墨绘图仪、A2 幅面的打印机、地图数字化系统。

(2)系统的软件环境包括:Windows95/98 , AutoCAD,各种工具软件。为保证系统正常运行,要求微机具备高度的兼容性。

(三) 软件开发平台

为了用比较低的费用来开发、建立和运行管网信息系统,同时取得较高的技术性能,确定在高档微机上进行工作,操作系统选用 Windows 98,开发平台采用 MapInfo,采用 Visual C++、MapBasic 等高级语言进行开发。

当时商品化的 GIS 开发平台,国外有:ARC/INFO(美国 ESRI 公司)、Genamap(澳大利亚 Genamap 公司)、MapInfo(美国)等,国内主要有 Geostar、MapCAD、MAPGIS 等。各 GIS 平台各有所长,但价格悬殊,适用于不同的应用范围和不同的硬件平台。综合以上各软件的性能、价格比及二次开发的方便性,选用了 MapInfo 桌面地理信息系统作为系统开发平台。MapInfo 具备空间数据操作功能,支持 OLE 及 ODBC,这使应用系统具有了开放性和可扩充性的特点。另外,MapInfo 是美国在 GIS 技术方面的大型专业公司。MapInfo 软件是公司的拳头产品,有较稳定的客户支持,对长期的技术需求和更新发展有一定的保障。这一点对应用系统的开发尤为重要,因为当前的软件领域日新月异,只有保持不断更新和发展,才能跟得上发展的潮流,这样才能使应用系统保持其先进性和可升级性。

(四) 系统功能设计的特点

作为一个 GIS 应用系统,其功能主要体现在两个方面:一是空间数据库的建立;二是对空间数据库维护、管理、操作、统计、分析及转换输出。

针对空间数据库的建立,本应用系统采用图形数据与属性数据分阶段录入的策略,因此在功能设计上,就分图形数据转换录入和属性数据编辑两大部分。图形数据转换是通过对 dxf 标准图形文件经分层转换而并入本系统的空间数据库的,属性编辑主要是基于对话框,用屏幕编辑方法录入。

空间数据维护、管理功能由以下几部分组成:

● 采用设置口令来保证数据库的安全性。

● 由于 GIS 系统是一个开放的动态系统,其空间数据库也是一个动态的、不断更新的动态库。本系统提供变更空间数据库常用的功能,如对象增加、删除、移动等。

● 提供比例放大、缩小、漫游等图形操作的常用功能。

针对供水系统的特性,本系统提供了如下空间数据库操作功能:

● 查询,特别是提供了带模糊度的查询方法,极大地提高了系统的实用性,另外提供了点查询的方法。

● 区域统计及分层,分对象统计功能。

● 图形整饰、绘图功能。

● 报表选择输出功能。

正是由这几大部分功能构成一个实用的、功能较为完整的应用系统。

一个成功的系统,不仅应有较完备的功能,更重要的在于其使用的方便性、直观性——即应具备友好的用户界面。离开了后面这一条,即使系统功能再完备,也不一定是一个成功的系统。

本系统在开发过程中,始终把友好用户界面放在第一位,这主要体现在系统设计风格上。系统用下拉菜单、工具条、状态条及客户窗口构成了标准的界面,具备了 Windows 风格特征,因而系统的用户友好性得到了充分保证。

(五) 系统的组成

管理系统主要处理图形和属性数据。图形包括 472 幅 1∶1 000 比例尺地形图,1 幅

1:10 000 索引图,131 幅小区图,2 幅水厂图,57 个节点图和 79 个街道断面图,共 742 幅图,为了把这些图纸送入系统,先要把它们数字化。在 AutoCAD12.0 的基础上开发了专用软件 MCAD,用数字化仪进行数字化,做成图形文件,然后转换成 dxf 格式数据再转入系统的图形库。属性数据包括管线和有关设施的管径、材质、规格、埋深、位置描述、敷设时间等。这些数据直接在管理系统中录入、编辑并与图形数据结合成一个整体,进行统一的调用,实现系统的各项功能。系统流程如图 7-5 所示。

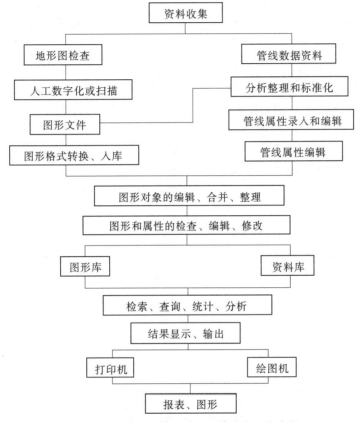

图 7-5　某市供水管网信息系统建库工作流程

对地形图进行数字化和进行编辑、修改的专用 MCAD 具有强大的图形处理功能,设置了与现行大比例尺地形图图式相应的符号库,能数字化和编辑制作符合规范要求的数字化地形图。MCAD 在 AutoCAD12.0 的基础上开发完成,备有完整的汉化菜单系统,使用中可以用鼠标或数字化仪定标器直接点取菜单操作。作业人员可使用 AutoCAD 的各种命令,使用其强大的图形处理功能。

管理系统中设计了友好的人机界面,全部功能都可以用鼠标在屏幕上点取相应的菜单来实现。系统中有系统维护、数据导入、编辑、查询、统计计算、信息输出等六大模块,各个模块中设置了相应的功能。系统中还设计了图标菜单,对主菜单中的功能进行了补充,并使得操作更加简便。详见附录二。

（六）数据结构和编号方法

1.道路管线和管网设施的编号

城市供水管网中的管线分为输水管线和配水管线。管网设施有阀门、水表、测压点、消防栓结点。对管线和设施以道路为主线进行编号。每条道路用三个字母代表，字母选用道路名称拼音的第一个字母，如滨河路的代号为 BHL，个别同音或有特殊情况时做适当调整。

管线分管段编号，以路口至路口之间的管线为一条大管段，与路段对应。其中再按材质、敷设时间、管径等分为小管段。在道路编号后，按从西向东或从北向南的顺序加注 A、B、C…来区分路段（大管段）。一条道路上有多条管线时，按从北向南或从西向东的顺序加注 1、2、3…来区分各个管线。

管段的编号用 7 个字节。第一位至第三位为路名编号，第四位为供水管线的分类码 G，第五位字母为路段序号，第六位、第七位为该路段的管线序号。如 XHDGB01 表示在新华道第二路段上的第一条供水管线。

阀门编号采用管线段编号加附属设施类别加顺序号的方式，用 10 个字节表示。第一位至第七位为其所在管段编号，第八位为阀门分类码 F，第九位、第十位为该管段上阀门的序号。例如：XHDGB01F03 表示管段 XHDGB01 上的第三个阀门。

消防栓、水表、测压点和节点的编号与阀门类似，均以十位字节表示，分类码分别为 X、B、C、J，其他位的含义与阀门相同。

2.管线和设施的属性

系统中对管线和管线设施录入的属性分别如表 7-9~表 7-13 所示。

表 7-9　管道属性表

序号	属性名称	字长	例子	备注
1	管道编号	7 个字母	XSDGD11	其中字母必须大写
2	所在道路	3 个汉字	西山道	
3	起始道路	3 个汉字	大理路	
4	终止道路	3 个汉字	学院路	
5	图幅号	6 位	866510	
6	敷设时间	8 位	19820101	
7	流向			
8	作用			分输水和配水两种
9	管材	3 个汉字	铸铁管	
10	管径		200	数字不限定

续表 7-9

序号	属性名称	字长	例子	备注
11	管长			自动生成
12	埋深			数字不限定
13	管压			数字不限定
14	流量			
15	接口形式			分刚性、软性两种
16	所连阀门		XSDGD11F01，XSDGD11F02	逗号必须小写
17	横断图号		DM44	字母大写

表 7-10　阀门属性表

序号	属性名称	字长	例子	备注
1	阀门编号	10 个字母	XSDGD11F05	其中字母必须大写
2	图幅号	6 位	866510	
3	详细地址	20 位		不超过 10 个汉字
4	所属节管	7 位	XSDGD11	
5	档案			不超过 6 位
6	建档人			不超过 3 个汉字
7	建档时间	8 位	19980101	
8	安装时间	8 位	19980101	
9	影响范围			不超过 7 个汉字
10	口径			数字不限定
11	井盖尺寸			数字不限定
12	点之记号			不超过 8 位
13	转数			不超过 5 位
14	阀门类型			蝶阀、闸阀、排气阀、排泥阀
15	路面类型			土路、沥青、水泥地、便道板
16	状态			分开、关两种

表 7-11　水表、测压点及其设施属性表

序号	属性名称	字长	例子	备注
1	编号	10 个字母	XSDGD11B05	其中字母必须大写
2	图幅号	6 位	866510	
3	详细地址	20 位		不超过 10 个汉字
4	所属管道	7 位	XSDGD11	
5	安装时间	8 位	19980101	
6	类型			水表、测压点及其设施
7	型号			不超过 8 位
8	产地			不超过 8 个汉字

表 7-12　节点属性表

序号	属性名称	字长	例子	备注
1	节点编号	10 位	XSDGD11J01	其中字母必须大写
2	图幅号	6 位	867006	
3	详细地址			不超过 10 个汉字
4	敷设时间	8 位	19820101	
5	节点类型			变径点、三通、四通、路口点
6	材质			不超过 4 位
7	埋深			数字不限定
8	大样图号	6 位		
9	连接类型			管线、小区、水厂、水源地、加压站、补压站、支管
10	连接编号			不超过 20 个汉字

表 7-13　消防栓属性表

序号	属性名称	字长	例子	备注
1	消防栓编号	10 个字母	XSDGD11X05	其中字母必须大写
2	图幅号	6 位	866510	
3	详细地址	20 位		不超过 10 个汉字

续表 7-13

序号	属性名称	字长	例子	备注
4	所属管道	7 位	XSDGD11	
5	消防位置			不超过 4 个汉字
6	档案号			不超过 6 位
7	建档时间	8 位	19980101	
8	产地			不超过 4 个汉字
9	型号			不超过 8 位
10	点之记号			不超过 8 位
11	路面类型			土路、沥青、水泥地、便道板
12	维护记录			汉字不受限制

(七)展望

（1）随着城市建设的发展，城市地物地貌在不断地变化，供水管网和管网设施也在不断更新和增减。管理系统中的空间关系和属性数据也应及时进行相应的更新。这要求有关人员及时收集多种资料，及时录入系统，使系统保持现势性。

（2）供水管网中的水压、流量等一些重要参数都随时间而变化。系统若能及时反映这些变化，成为动态的系统，将能扩大系统的应用范围，提高系统的应用效果。研究在管网中设置自动仪表，把测定的数据实时传输到系统中进行实时处理，建立起一套完全动态的管理系统。

（3）随着社会的进步，管理工作的标准和模式都会变化。科学技术发展迅速，计算机技术更是日新月异，新的硬件和新的软件层出不穷。为了适应社会和科技的发展，也应该不断改进系统，提高其技术水平和应用水平，更好地为城市的建设和发展服务。

第八章　油田物探地理信息系统

第一节　概　述

经过几十年的经营,各大油田在勘探、开发、地面工程等方面已颇具规模,各种数据信息以海量计,传统的信息管理决策方法不能适应现代企业管理的要求。特别是我国加入WTO后,面对国外各大石油巨头的激烈竞争,信息的重要性和信息处理的紧迫性空前提高。对于多系统、多层次且错综复杂的物探数据和图件等信息资源,迫切需要新型的信息手段来管理、分析和应用。

地理信息系统是在计算机软、硬件支持下,运用系统工程和信息科学的理论与方法,采集、存储、管理、分析、描述、显示及应用与空间和地理分布有关数据的空间信息系统。在物探行业中,各种信息均和空间定位有关,从工区勘察、施工规划、项目管理到评估分析等,GIS均能发挥重要作用。借助地理信息系统技术,开发适用于油田物探需要的地理信息系统,用来管理、分析大量的物探数据及图形信息,将能够实现物探数据采集和处理的自动化、数字化,更好地使用和管理好长期积累或收集的大量物探信息。

利用物探地理信息系统,可以实现以下功能。

(1)科学部署地震测线。

系统可以根据部署地震测线的坐标数据,在计算机中自动生成带坐标的测线图,将之叠加在数字地形图上,可以清楚地看到测线所经过的地物。如果测线直接经过村镇、湖泊或高价值经济作物种植区等区域,需要时可以及时做出适当的调整。

(2)高效准确的图件编辑。

有了地理信息系统强大的图形编辑功能,物探工作人员可以方便地在计算机中进行地理位置的查询、地图的任意裁剪,并在地理底图的基础上编辑、叠加其他的构造、部署等信息,大大地提高物探人员编图的效率,提高编图精度。

(3)物探资料的空间叠加分析。

系统可以进行多源二维图形数据的叠加分析,比如可以将同一地区的地震、重力、磁法、电法等资料分析成图后,进行比例尺及坐标配准,再进行二维叠合,不同物探数据所圈定的油气显示区域重叠的部分,可进行进一步油气分析研究。

(4)数据、图形的检索、查询及数据成图。

系统构建比较完善的数据库,可以快速地检索所需要的数据,查询某一地区、某一凹陷或某一构造的相关图形,并可根据需要进行编辑。在数据成图方面,可以根据数据自动生成测线图等图件。

基于物探地理信息系统,可以对物探的点位进行快速查询,对工区进行漫游,还可以进行精确的量算和空间分析,有利于野外勘探、选点、施工设计甚至于野外施工中炮点的偏移和加密,降低成本,提高效率,为管理层提供生产、管理、分析和决策的依据。

第二节　物探系统模型分析

一、物探系统模型建立的基础

物探系统模型的建立基于实际的物探工作,综观物探数据的采集,总体可分成三大类:点式测量、线式测量和面式测量。所谓点式测量,即是以点为单位进行文件记录,数据反映该点的地球物理特征,像大地电磁、超声波检测等;所谓线式测量,就是以一条测线为单位进行文件记录,反映一个剖面的地球物理特征,浅层地震、高密度电法即是如此;而面式测量则是以一个阵面的形式经逐点测量后存储到文件中,反映该面积的地球物理特征,像微重力测量、高密度磁法测量等。各类地球物理数据主要基于这三种方式对物探数据文件进行处理,达到一维、二维或三维显示的目的。

虽然物探数据文件存储格式各种各样,但也有极大的共性,记录格式都大同小异,很容易用一种标准的文件格式把各种文件统一起来。

二、物探数据模型对象

根据油田物探的数据采集、测量和数据处理特征,本系统的数据模型如图 8-1 所示。

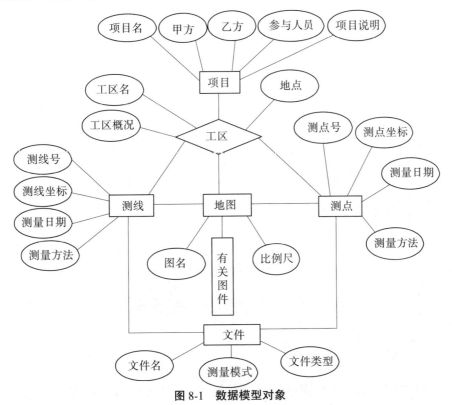

图 8-1　数据模型对象

三、系统工作流程

根据调研和分析,系统流程包括数据录入、图件生成、模块操作和成果输出四个环节。

数据录入:将各类物探数据及图件通过输入模块输入系统数据库。

图件生成:读取数据库中的坐标数据,通过系统完成"创建点""创建线"和"创建区域"的过程,在地图图层上显示出来。

模块操作:包括按用户要求在地图上实施比例控制、图层控制、工区显示查询、测线显示查询、手工部署测线、统计分析等。

成果输出:按用户要求生成固定格式的勘探成果图件、文档资料,打印输出或保存为其他格式的文件。

详细工作流程如图 8-2 所示。

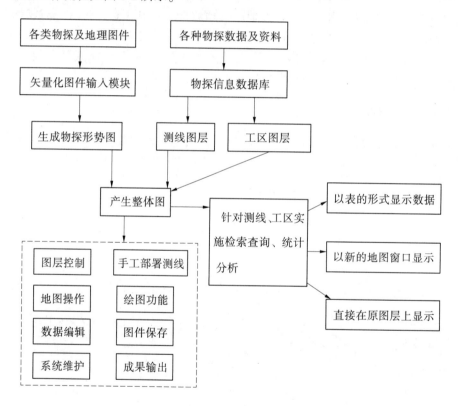

图 8-2　系统工程流程

第三节　系统功能和数据库

一、系统功能

从区域物探数据特征和应用目标出发,以物探管理为主线,采用结构化的软件设计模式,首先设计整体结构,然后按照功能不同分解成相对独立的模块,包括数据输入子系统、图形及文本编辑子系统、分析与查询子系统、数据输出子系统,各个模块通过对数据库的操作、读取外部数据及系统内部的数据交换,达到物探数据管理、检索、处理和制图的目的。总体结构如图 8-3 所示,物探地理信息系统的主要功能描述如下。

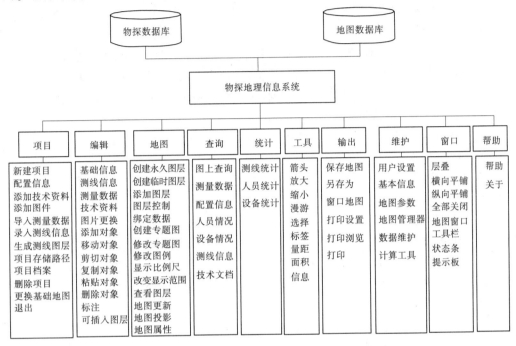

图 8-3 系统总体结构

(1)数据采集:将现有的地图、外业观测成果、文本资料等转换成计算机可识别和处理的数字形式。针对不同的设备,系统配备相应的软件,并保证将得到的数据导入数据库中。

(2)数据编辑应该包括两个方面的内容:一是原始数据输入有错误,需要编辑;二是需要修饰图形、设计线形、颜色、符号、注记等,还要检查拓扑关系,组合复杂地形,输入属性数据。

(3)图上量算功能:是指对空间实体和实体间关系的几何量算,包括以下子功能:计算点间的直线距离和折线距离;计算选定区域的面积。

(4)地图操作功能:对地图进行任意放大、缩小、漫游、分层(类)显示等。

(5)空间查询和空间分析功能:包括条件查询、图文交互查询、构造树查询、关键字查询、统计分析、地形分析、叠置分析、缓冲分析等。系统既能根据测线属性数据调用相应的图形,也能在平面图上点击查询对象(如测点),调用相应属性数据,获得相关信息。

(6)信息查询:数据输出是关于数据显示及给出分析结果报告,它能以地图、表格、文字等形式表达,输出方式有显示终端、打印机、绘图仪等。

二、数据库设计

在 GIS 开发中,数据的组织和管理是系统建设的关键,数据库是整个系统的基础。物探地理信息系统数据库涉及物探项目区的位置,包括物探点、工区分布等一些空间关系,以及属性数据如何组织和结构。

根据功能要求,物探地理信息系统应设计物探数据库和图形数据库。物探数据库包含地理坐标数据、测量数据、基础数据等,用关系数据库管理;图形数据库包含矢量图形、栅格图像(卫片、航片)、各种图件,以文件形式存在。两个库通过关键字建立连接关系。这种连接应具有两个特性。

(1)双向性:通过图形元素可以得到并维护物探数据库中相应的数据,同时通过物探库也能得到并维护图形库的元素。

(2)稳定性:图形元素与专题数据间的连接一旦建立,就会一直保持(除非解除连接),不会因为对图形或数据的操作而受到影响。

(一)物探数据库设计

1. 设计要求

物探库的设计要立足于油田物探工作的现状和发展趋势,不但考虑运行效率,还要考虑库的分解与联结。不能只限于用户检索、存储和查询的一般要求,还要考虑数据的加工、计算的要求,所以设计需要考虑以下方面:

(1)便于施工资料的统计、查询和检索;

(2)满足用户各种格式的报表需要;

(3)便于数据更新和维护;

(4)按用户要求提供数据;

(5)适用于数据计算和分析。

2. 数据库结构

在系统中,数据库结构的好坏直接影响到整个系统运行的状况,在具体操作中要求具有较小的数据冗余,较好的灵活性及高效性。在实践中,物探数据有时直接记录在相应的地理实体如点、线、面等的数据中,大多则单独以某种数据结构存储,通过指针或关键码与空间数据相联系。在本系统的应用中,利用关系数据库管理物探数据,因此数据库结构就是数据库中数据表的结构。

(1)项目信息表(项目编号、项目名称、地震施工年度、物探方法、单位、工区、原工区名、工区类型、施工单位、施工队号、开工日期、完工日期、构造单元代码、构造单元名称、XA、YA、XB、YB、XC、YC、XD、YD、项目说明)。

(2)人员配备表(序号、项目编号、单位、姓名、职务、性别、年龄、文化程度、职称、工作年限)。

(3)设备配备表(序号、仪器类别、仪器型号、数量、项目编号)。

(4)二维地震基础信息表(项目编号、勘探项目、观测系统、仪器型号、仪器道数、覆盖次数、炮间距、炮线间距、道间距、排列间距、偏移距、生产记录张数、评价方式、记录长度、前放增益、前放滤波、震源类型、震源组合、井深、药量、检波器型号、检波器组合图形、串行距、组内距、每道串数、每串个数、检波器总数、测线数、总炮数、总覆盖长度、入库日期)。

(5)二维地震测线信息表(项目编号、勘探项目、单位、地震施工年度、工区、测线号、测线类型、测线展布方式、起始点号、终止点号、炮点起始桩号、炮点终止桩号、野外测线长度、一次覆盖起始桩号、一次覆盖终止桩号、剖面长度、满覆盖起始桩号、满覆盖终止桩号、满覆盖长度、折算标准剖面长度、入库日期)。

(6)三维地震基础信息表(项目编号、勘探项目、三维观测方式、观测系数、CDP面元、仪器型号、仪器道数、覆盖次数、横向覆盖次数、纵向覆盖次数、炮间距、炮线间距1、炮线间距2、道间距、排列线间距、偏移距、生产记录张数、评价方式、一级品张数、二级品张数、废品张数、施工面积、三维地震一次面积、三维地震满覆盖面积、折算二维标准剖面长、记录格式、记录密度、采样间隔、记录长度、前放增益、前放滤波、震源类型、震源组合、井深、药量、检波器型号、检波器组合图形、串行距、组内距、每道串数、每串个数、检波器总数、线束数、接收线条数、总道数、炮线条数、总炮数、满覆盖面积、入库日期)。

(7)三维地震测线束坐标信息表(束线号、项目编号、勘探项目、单位、地震施工年度、工区、起始CDP点号、起始点纵坐标X、起始点横坐标Y、起始点海拔、终止CDP点号、终止点纵坐标X、终止点横坐标Y、终止点海拔、入库日期)。

(8)测量基础信息表(测线号、地区和许可证、勘探注释、施工日期、格式版本号、测线一般信息、用户名称、物探采集承包方、测量承包方、测量数据处理承包方、坐标位置、大地测量基准面、局部基准面、转换参数、高级基准面、投影代码、投影带、网格单位、高程单位、角度单位、中央子午线的经度、直角坐标原点的经纬度、直角坐标原点的坐标、比例系数的经纬度定义、测量方法、测量仪器、本地时区、起始点号、终止点号)。

(9)测量坐标数据表(点顺序号、点属性、点编号、测线号、工区名、点纵坐标、点横坐标、海拔、项目编号、勘探项目、地震施工年度、单位、入库日期、注释)。

(二)图形数据库设计

图形数据库主要管理矢量图形、栅格图像(卫片、航片)。矢量图按点、线、面图元进行分层管理,不同的图层以不同的文件保存,在物理上形成了多个点文件、线文件和面文件,使图形数据的管理更加灵活、方便,而且图示速度较快。栅格图像以规则格网点构成,在系统中主要作为背景图。对本系统来说,最重要的地理信息是测线信息和工区信息。这两种信息要频频到数据库中进行数据交互和查询,因此对矢量图形中的图元数据结构要精心设计,以方便图形和数据的交互查询。该系统中,地理信息的坐标数据存储在物探库中,地理信息的载体——图元属性保存在文件中,这是由于图元属性少,保存在数据库中会影响显示速度。地理信息系统中,每种图形元素都有一个类别号和该图元在类里的唯一标识号,系统需要连接物探数据的图元是点、线、面。因而,在设计点、线、面图元类的时候,可以加入一个连接属性变量,这个变量与系统所需要的物探库中物探数据的记录关键字相对应,找到了图元也就找到了数据,反之亦然。从而解决图形到数据的连接问题。

在矢量数据进行图层划分的同时,应考虑数据在各层中的类型、格式、属性项和表现形式。本系统地图分层见附录三。

第四节　油田物探地理信息系统实例

一、概述

物探地理信息系统利用地理信息系统技术对物探数据进行采集、存储、分析、管理和输出,实现图文可视化管理。功能模块主要有项目管理、数据输入、数据编辑、地图操作、信息查询、统计分析、打印报表、系统维护、帮助等部分(具体子模块见附录四)。

(1)系统可以根据部署地震测线的坐标数据,在计算机中自动生成带坐标的测线图,将之叠加在数字地形图上,可以清楚地看到测线所经过的地物。如果测线直接经过村镇、湖泊或高价值经济作物种植区等区域,可以及时做出适当的调整。可以在任意位置手工部署测线;自定义手工部署测线的测线号;可将手工部署的测线单独输出成测线位置图件或坐标输出成表文件。

(2)自动读取工区的测量成果及基本数据,生成工区显示图层;根据工区基本数据(工区、年度等)进行可视化查询;点击工区显示相关信息(时间、层向构造平面图件、层向反演阻抗图件、连井剖面);进行工区基础数据计算总面积。

(3)系统可以进行多源二维图形数据的叠加分析,比如可以将同一地区的地震、重力、磁法、电法等资料分析成图后,进行比例尺及坐标配准,再进行二维叠合,不同物探数据所圈定的油气显示区域重叠的部分,可能就是最有利的油气显示区。

(4)可以在系统中进行地理位置的查询、地图的任意裁剪,并在地理底图的基础上编辑、叠加其他的构造、部署等信息,大大地提高物探人员编图的效率,提高编图精度。

(5)根据测线基本数据(包括测线号、工区、勘探项目、施工队号、年度、拐点属性等条件)进行自定义可视化查询,查询完毕后,视图自动调整至包括全部查询结果的最佳显示状态;可根据查询条件以成果图件或表的形式输出查询结果;直接点击测线获得该测线的有关信息;在地图上,可通过矩形选择选定范围进行测线基础数据统计技术(如测线条数、总长等)。

(6)实现了物探项目空间数据与属性数据的数据库一体化管理。使系统具备了空间数据与属性数据的交互查询、统计分析等功能。可以快速地检索所需要的数据,查询某一地区或某一凹陷某一构造的相关图形,并可根据需要进行编辑。在数据成图方面,可以根据数据自动生成井位图、测线图、工区图等图件。

二、油田物探地理信息系统功能介绍

本系统主界面主要由菜单栏、工具栏、地图窗口、信息窗口、状态栏五部分组成,如图 8-4 所示。

菜单栏包括主菜单项和子菜单项,用户点击任意一项,可获得相应的功能,是用户与系统交互的媒介。工具栏是用户常用的一些快捷功能菜单。地图窗口显示物探工区的基础地理信息和测线位置信息。信息窗口显示被选取对象的属性。状态栏显示地图比例

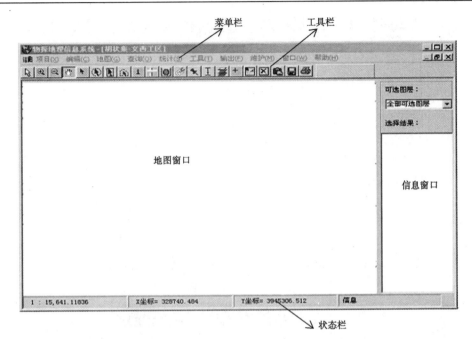

图 8-4   系统主界面

尺、当前鼠标位置坐标和量算结果。

(一) 项目管理

系统具有新建、查看、修改、删除物探项目的功能。譬如,系统新建一个项目,在输入项目名、项目编号及其他相关信息后,系统自动建立一个新目录,相关信息存入数据库,并在地图上自动标识该项目地理位置。该模块保证了系统的现势性,如图 8-5 ~ 图 8-7所示。

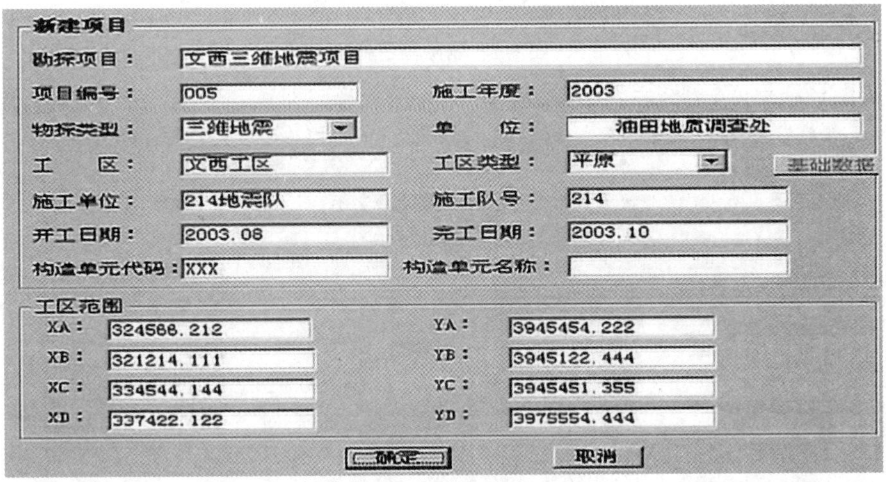

图 8-5   新建项目界面

(二) 数据输入

将各类物探数据及地理图件输入系统,如图 8-8 ~ 图 8-11 所示,其中包括:基础信息

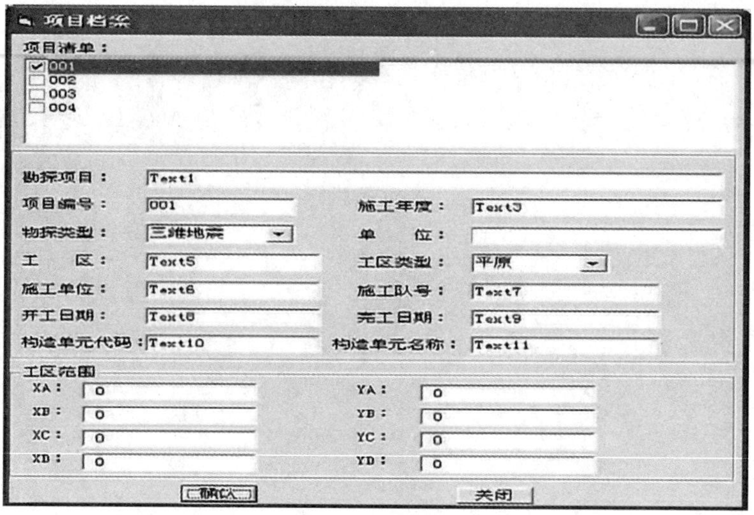

图 8-6　项目档案界面

图 8-7　删除项目界面

录入;文档资料导入;图件导入;测量成果导入;测线信息录入等。

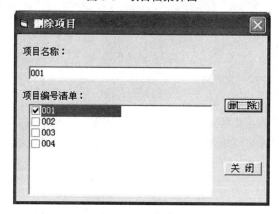

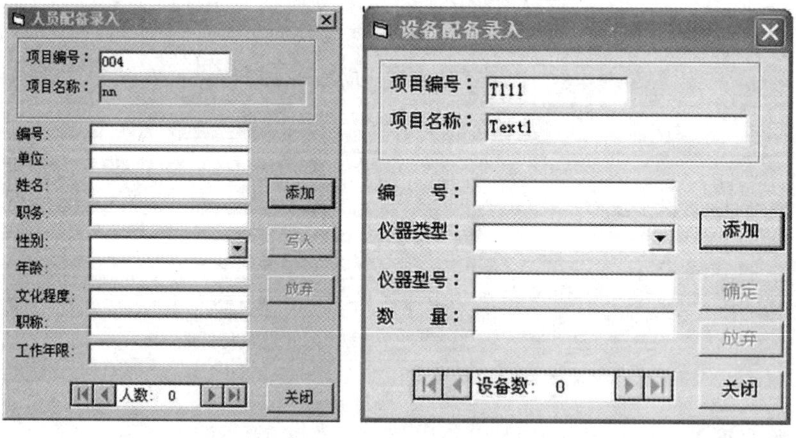

图 8-8　人员设备录入界面

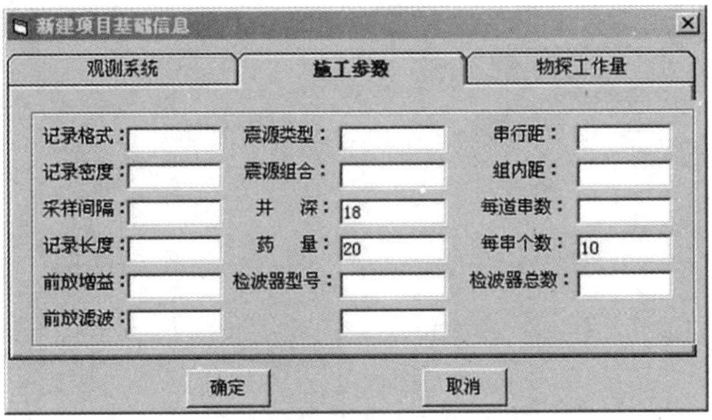

图 8-9 项目配置信息录入界面

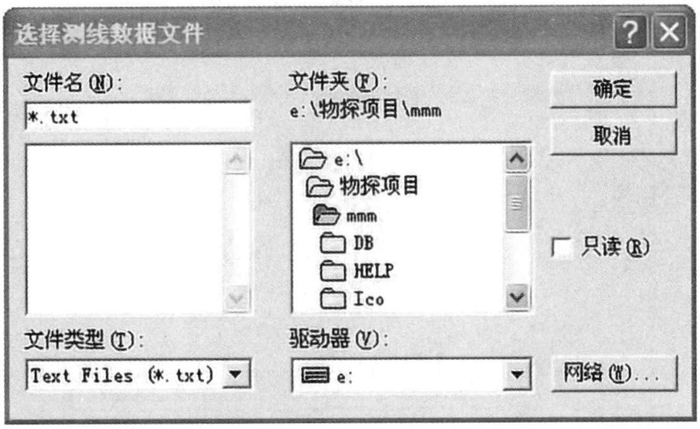

图 8-10 选择测线数据文件界面

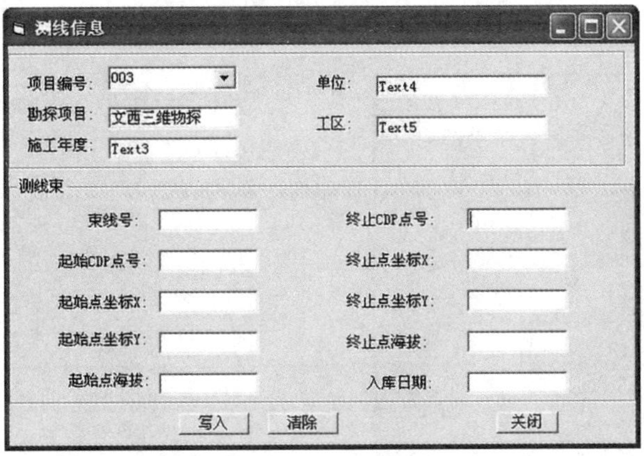

图 8-11 录入测线信息界面

(三) 数据编辑

数据编辑包括对数据库数据的增加、删除、修改;对技术文档、图片图件的添加、删除、更换。如图 8-12~图 8-16 所示。

(四) 地图操作

地图操作:对地图进行任意放大、缩小、漫游;地图单位转换;坐标及投影变换;坐标显示;距离及面积量算;地图拷贝、保存及打印输出。如图 8-17~图 8-24 所示。

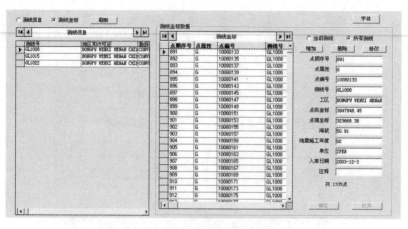

图 8-12　编辑测量数据信息界面

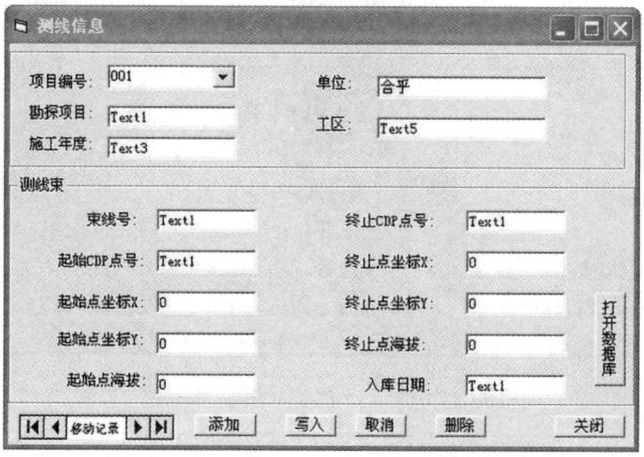

图 8-13　编辑测线信息界面

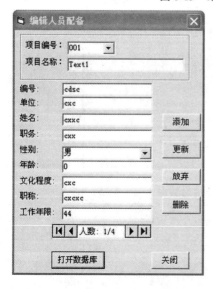

图 8-14　编辑人员信息界面

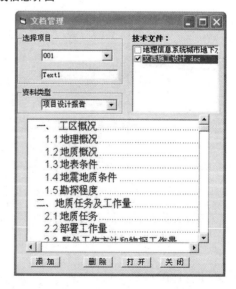

图 8-15　文档管理界面

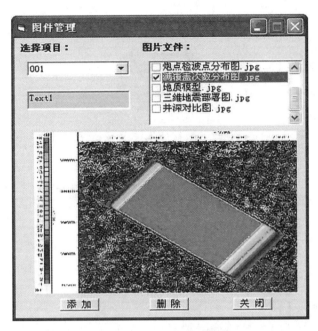

图 8-16 图件管理界面

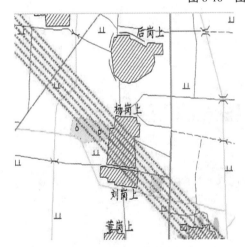

图 8-17 地图缩小

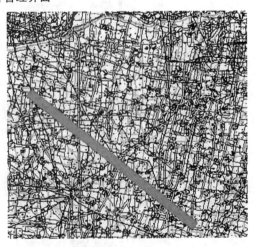

图 8-18 地图放大

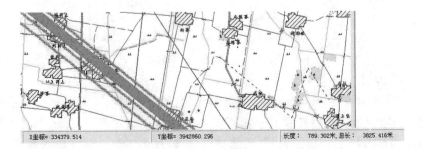

图 8-19 图上量距

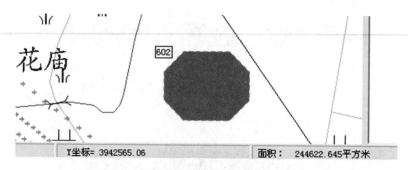

图 8-20　图上面积量取

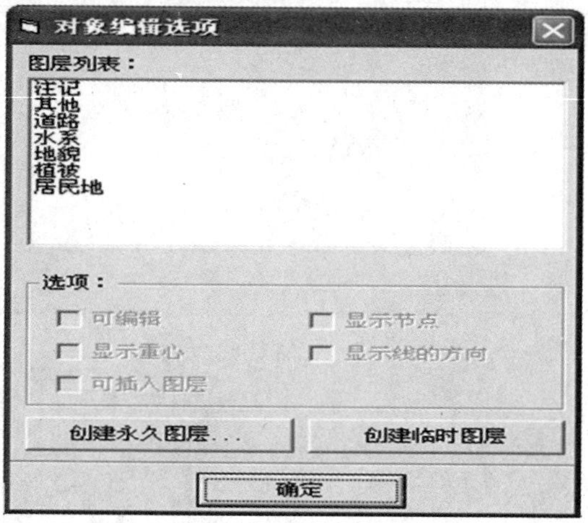

图 8-21　图层属性管理界面

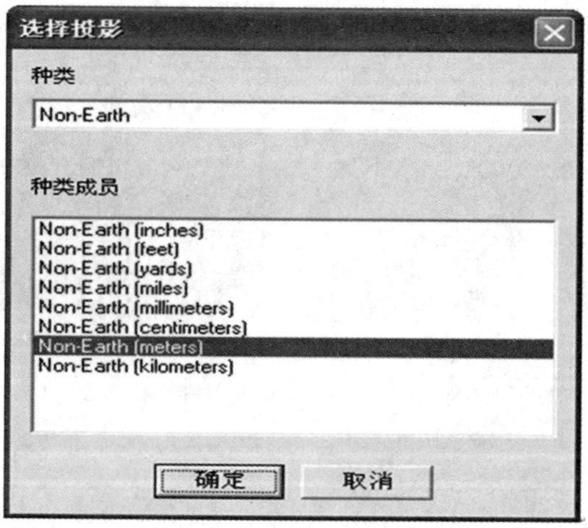

图 8-22　选择地图投影界面

(五) 图层控制

图层控制:添加图层;自定义需显示的图层,包括是否加标注;对图层所有的图例、显示方式、标注进行修改;图层叠放顺序可调整;对应不同的显示比例,显示不同的图层,如在大比例显示方式下显示标注、高程值、植被等信息,在小比例显示方式下不显示这些信

图 8-23　保存地图对话框

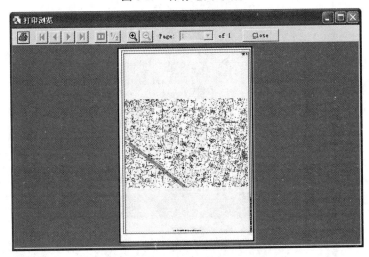

图 8-24　地图打印浏览界面

息。地图图层控制界面如图 8-25 所示。

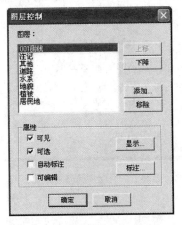

图 8-25　地图图层控制界面

（六）图形编辑

图形编辑：可添加标注（自定义样式）；添加直线、折线、曲线（自定义样式）；添加各种面区域目标（自定义样式），如图 6-28 所示。

（七）信息查询

信息查询具有多种查询方式，如条件查询、可视化查询、构造树查询、关键字查询等，可以方便直观地获取所需要的图形、数据信息。如图 8-26~图 8-31 所示。

图 8-26　地图对象查询界面

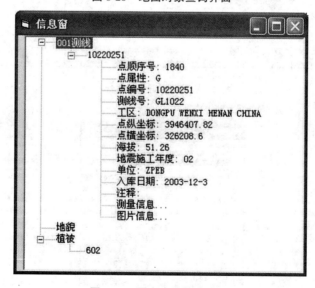

图 8-27　图上查询输出窗口

（八）统计分析

利用数据库数据，进行统计分析，生成直方图、散点图、饼图等分析图件，如图 8-32 所示。

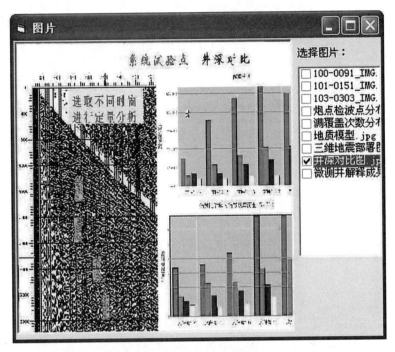

图 8-28 图件查询输出窗口

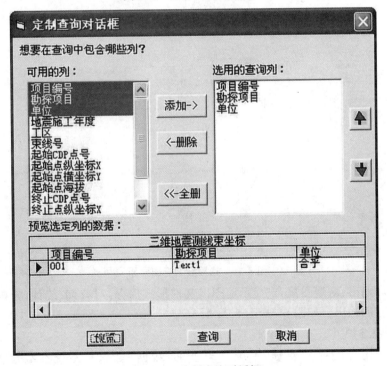

图 8-29 定制查询对话框

(九) 成果输出

成果输出主要包括屏幕显示、文件保存和打印机输出。可以对地图、图片图像、屏幕

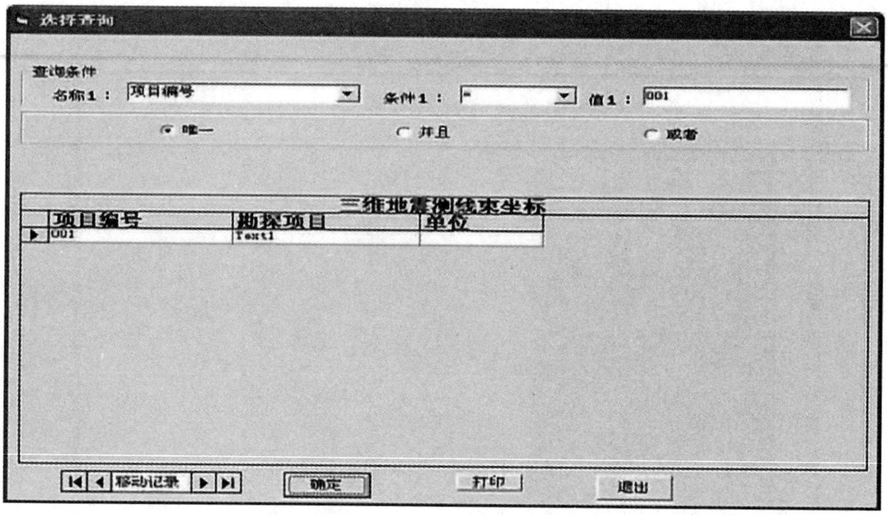

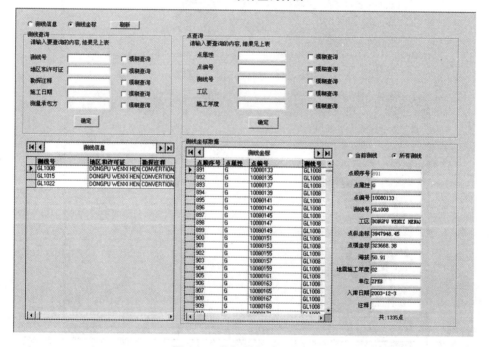

图 8-30　条件查询界面

图 8-31　物探数据查询界面

显示内容打印输出;对地图集合、显示地图以文件形式保存;对查询、统计、分析所得的各种表格资料打印输出。如图 8-33、图 8-34 所示。

(十) 系统维护

实现系统用户的权限管理、系统日志查询、数据库维护、系统参数设置功能,如图 8-35、图 8-36 所示。

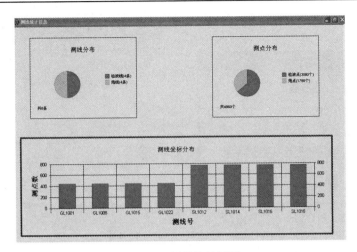

图 8-32　测线统计界面

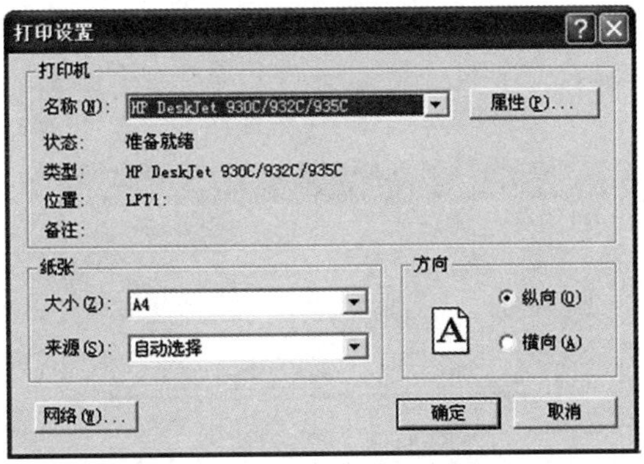

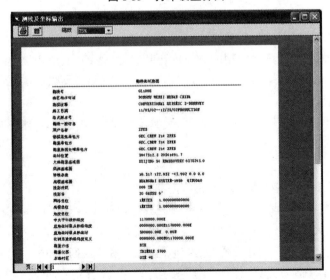

图 8-33　打印设置界面

图 8-34　打印浏览界面

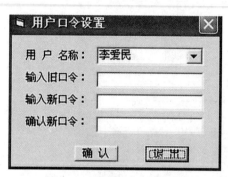

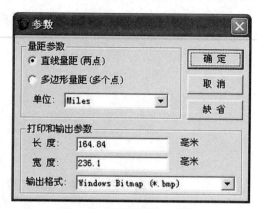

图 8-35　用户口令设置界面　　　　　　　　图 8-36　系统参数设置界面

　　管理用户登录系统并验证用户身份,一个有效的用户由两部分组成:用户名称和用户口令。系统内的数据、地图、图件具有宝贵价值和保密性,为了保证系统的安全,只有授权用户才可以对系统操作具有完全的控制权,查询和编辑或删除系统数据。登录对话框如图 8-37 所示。

图 8-37　登录对话框

　　数据库在维护与安全方面有一些措施:数据备份,对数据库中的所有资料提供了硬盘备份功能;数据库压缩,由于对数据记录经常的修改,数据库中的记录会产生大量的冗余,使用该项功能可对数据库进行整理,提高数据库查询速度;数据库修复,对于突然断电、关机或死机等意外情况造成正在使用的数据库出错、损坏等问题,使用该项功能可使数据库恢复正常;数据库清空,利用该功能,可以使本系统返回到初始状态。

(十一) 在线帮助

　　为了引导管理员和用户的正确操作,系统给出详细的在线帮助,如图 8-38 所示。

三、发展前景

(一) 地理信息系统在勘探开发上的应用前景

　　物探地理信息系统与城市地理信息系统或其他地表类地理信息系统相比具有应用领域广阔,覆盖面积大,相关专业多,且多个专业交叉的特点。随着地理信息技术的高速发展,石油勘探研究将可以应用地震数据、非地震数据、钻井数据、测井数据等资料。利用地理信息系统对数据、图形信息进行集合处理的优势,进行宏大的地下三维数字模拟,不仅可能模拟显示一个凹陷或盆地的地下构造,来辅助局部油气勘探开发,甚至可能模拟构建出整个大陆的地质地层构造,对大地构造学的研究提供更为直观和科学的依据,进而指导

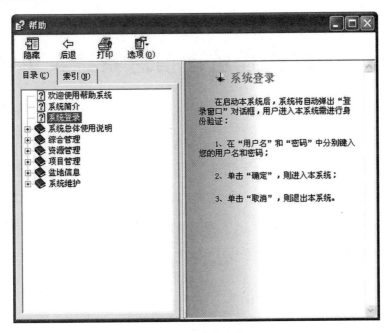

图 8-38　系统帮助界面

石油勘探的方向。

(二)物探资料对数字地球工作的意义

　　数字地球的开发工作目前还基本上停留在地球表面的扫描、遥感、测绘上,对于更加复杂的地下情况还只做了初步工作。然而一个完整的虚拟数字地球,不仅应当包含地上的详细资料,也应当包含地下的详细资料,地下情况的数字资料主要为物探数据、钻孔数据和测井数据,从地下数据资料的分布情况来看,主要集中在做资源勘查开采工作的石油工业和国土资源两大部门,如何有效地利用这些部门所积累的数据资料来勾勒数字地球的内部构造将是未来数字地球工作的发展方向。

附录一　公路工程监理信息系统菜单结构图

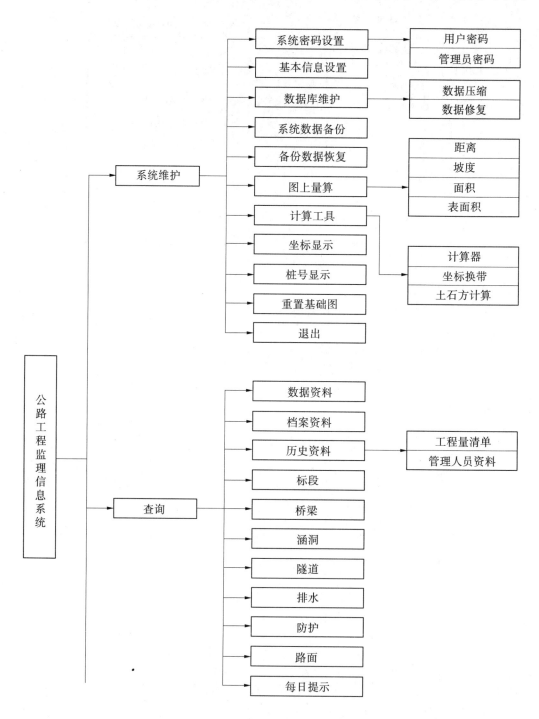

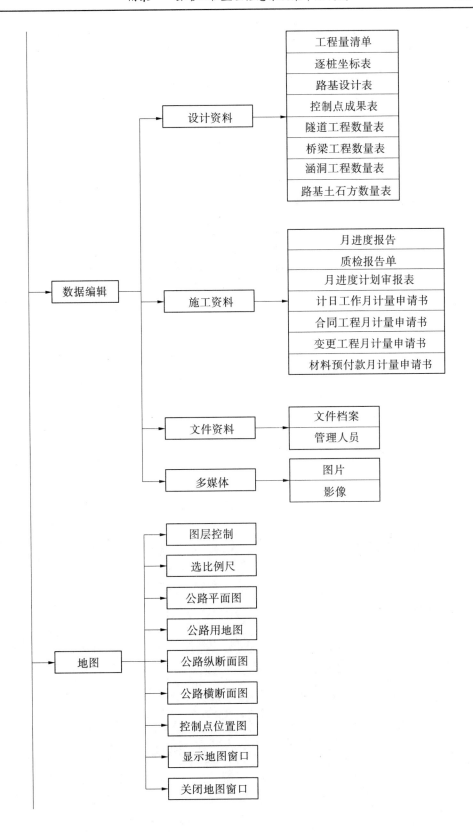

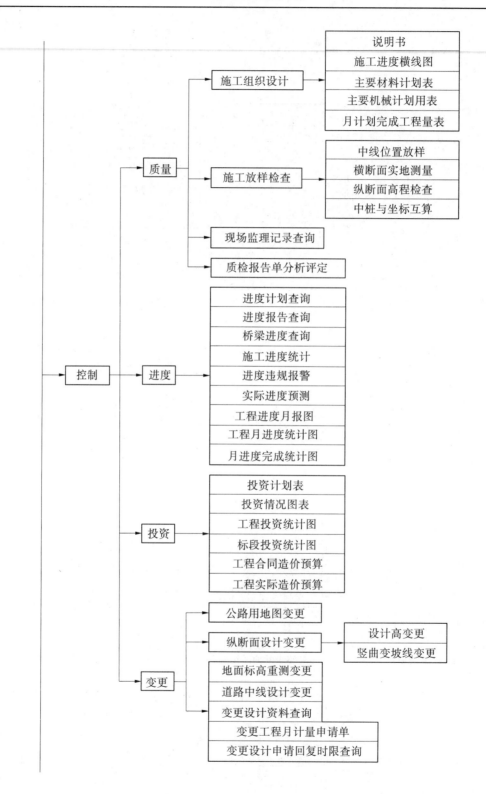

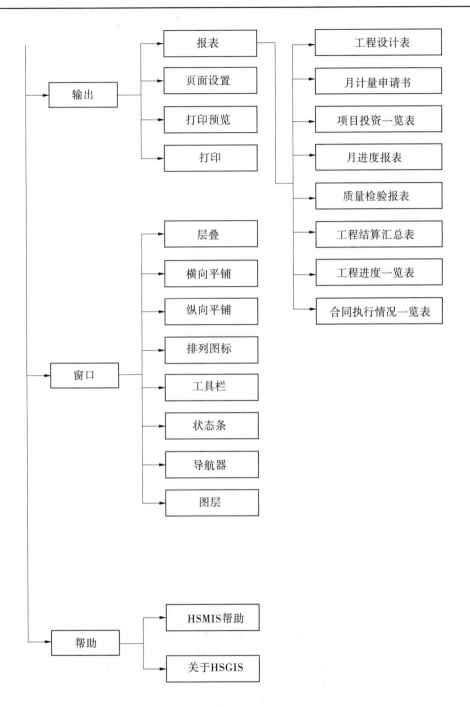

附录二　城市供水管网地理信息系统

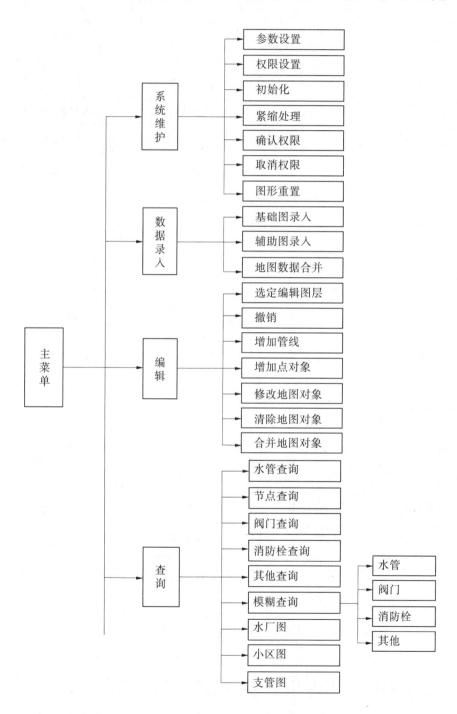

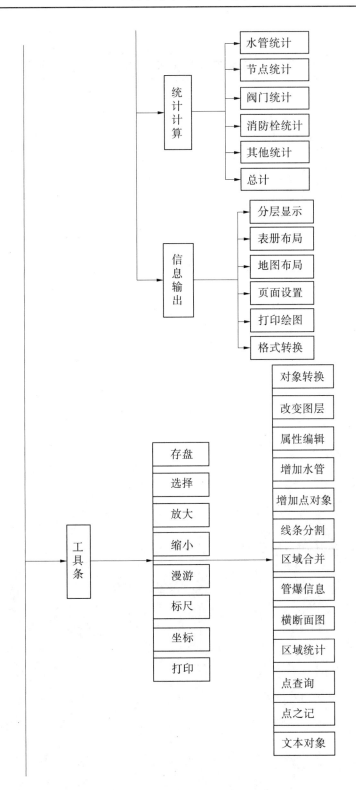

附录三　地形图数字化有关要求

一、数字化范围

方位角为 128°,西起赵集(包括赵集),东至白罡集,长约 23 km;南起李家寨,北至季什八郎,宽约 18 km,面积约 400 km^2。

二、坐标系

北京 54 坐标系。

1956 年黄海高程系。

三、地形图分层和编码

地形图分层和编码见表 4-1。

四、存储格式

MapInfo 格式。

附录四 物探地理信息系统菜单结构图

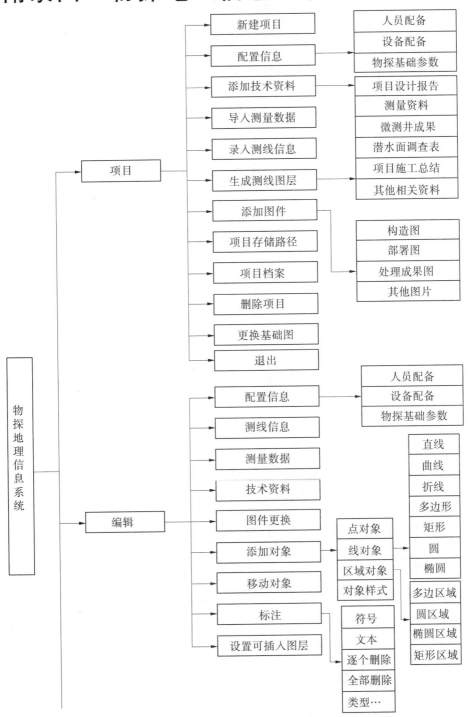

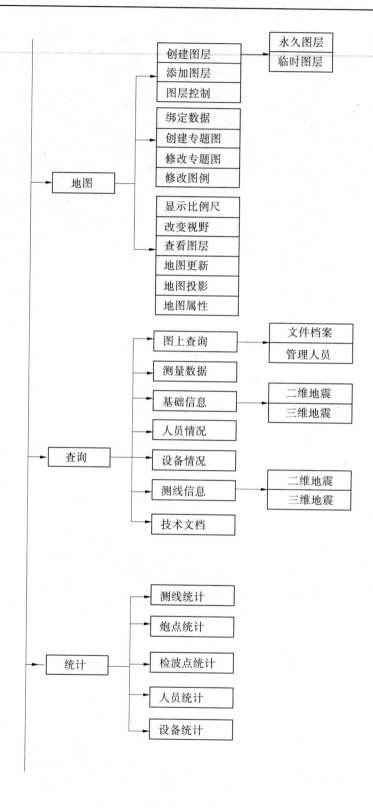

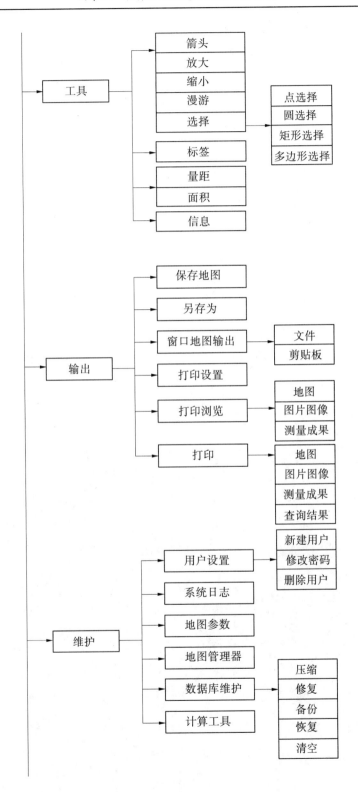

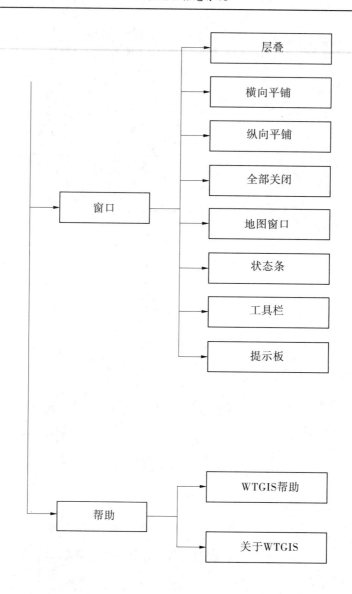

参 考 文 献

[1] 张丰,杜震洪,刘仁义,等.时空大数据计算分析与应用[M].北京:科学出版社,2022.

[2] 中华人民共和国住房和城乡建设部.城市轨道交通工程测量规范[M].北京:中国建筑工业出版社, 2022.

[3] 刘宏建,孙宝辉,王小东,等.ArcGIS Engine 高级开发与工程应用[M].北京:科学出版社,2021.

[4] 全国地理信息标准化技术委员会.国家基本比例尺地图图式第 1 部分——1∶500 1∶1 000 1∶2 000 地形图图式[M].北京:中国标准出版社,2021.

[5] 中国有色金属工业协会.工程测量标准[M].北京:中国计划出版社,2021.

[6] 牟乃夏,王海银,李丹,等.ArcGIS Engine 地理信息系统开发教程[M].北京:测绘出版社,2019.

[7] 刘湘南,王平,关丽,等.GIS 空间分析[M].北京:科学出版社,2017.

[8] 薛在军,马娟娟,等.ArcGIS 地理信息系统大全[M].北京:清华大学出版社,2017.

[9] 李崇贵,陈峥,谢非,等.ArcGIS Engine 组件式开发及应用:第 2 版[M].北京:科学出版社,2016.

[10] 陈永奇.工程测量学:第 4 版[M].北京:测绘出版社,2016.

[11] 赵会丽,朱文军,杨志军,等.地理信息系统[M].郑州:黄河水利出版社,2015.

[12] 刘学军,徐鹏.交通地理信息系统[M].北京:科学出版社,2014.

[13] 郭汉丁,郭伟,王凯,等.工程项目管理概论[M].北京:电子工业出版社,2010.

[14] 宫辉力,赵文吉,李小娟,等.地下水地理信息系统——设计、开发与应用[M].北京:科学出版社, 2006.

[15] 李建松.地理信息系统原理[M].武汉:武汉大学出版社,2006.

[16] 李成名,印洁,王继周,等.人口地理信息系统[M].北京:科学出版社,2005.

[17] 孙在宏,陈惠明,乔伟峰,等.土地管理信息系统[M].北京:科学出版社,2005.

[18] 后德玉,张清贵.工务规章[M].北京:中国铁道出版社,2004.

[19] 李红,李凤洁,杨森.管理信息系统开发与应用[M].北京:电子工业出版社,2003.

[20] 王午生,许玉德,郑其昌.铁道与城市轨道交通工程[M].上海:同济大学出版社,2003.

[21] 黄杏元,等.地理信息系统概论(修订版)[M].北京:高等教育出版社,2001.

[22] 中华人民共和国住房和城乡建设部.城市地下管线探测技术规程(CJJ 61—2017)[M].北京:中国建筑工业出版社,2017.

[23] 陈述彭,等.地理信息系统导论[M].北京:科学出版社,2000.

[24] 吕志平,刘波.大地测量信息系统[M].北京:解放军出版社,1998.

[25] 邱洪钢,张青莲,熊友谊.ArcGIS Engine 地理信息系统开发从入门到精通[M].北京:人民邮电出版社,2013:280.

[26] 张正禄.工程测量学[M].武汉:武汉大学出版社,2002.

[27] 毛锋,等.地理信息系统建库技术及其应用[M].北京:科学出版社,2001.

[28] 华一新,吴升,赵军喜.地理信息系统原理与技术[M].北京:解放军出版社,2001.

[29] 陈俊,宫鹏.实用地理信息系统[M].北京:科学出版社,1998.

[30] 张国锋,段世霞,等.管理信息系统[M].北京:机械工程出版社,2001.

[31] 龚健雅.当代 GIS 的若干理论与技术[M].武汉:武汉测绘科技大学出版社,1999.

[32] 吴钦藩.软件工程[M].北京:人民交通出版社,1997.

[33] 王群,李馥娟. 局域网一点通[M]. 北京:海洋出版社,2001.

[34] 地下管线管理技术专业委员会. 地下管线管理技术与应用[M]. 北京:中国建筑工业出版社,2000.

[35] 修文群,池天河. 城市地理信息系统[M]. 北京:北京希望电子出版社,1999.

[36] 张起森,王首绪. 公路施工组织及概预算[M]. 北京:人民交通出版社,2000.

[37] 蓝运超,等. 城市信息系统[M]. 武汉:武汉大学出版社,1999.

[38] 张秀琼,等. 微型计算机原理及接口[M]. 北京:北京科技出版社,1992.

[39] 刘梅姜. 基于 ArcGIS 平台的测绘成果管理信息系统的设计与功能实现[J]. 宁德师范学院学报(自然科学版),2015,27(4):425-430.

[40] 赵文良. 定线水准测量平差软件的开发与应用[J]. 测绘与空间地理信息,2013,36(9):173-175.

[41] 彭艳,王崇倡,陈建科. PDA 环境下的地下管网 GIS 数据结构的研究[J]. 测绘科学,2008(4):223-224,214.

[42] 宋关福,钟耳顺. 组件式地理信息系统研究与开发[J]. 中国图像图形学报,1998(4):53-57.

[43] 朱仕杰,南卓铜. 基于 ArcEngine 的 GIS 软件框架建设[J]. 遥感技术与应用,2006(4):385-390.

[44] 刘国成. 吉林省土壤肥力地理信息系统开发关键技术研究[J]. 吉林工程技术师范学院学报,2016,32(6):92-93.

[45] 杨晋强. 公路工程监理信息系统的设计与实现[D]. 郑州:中国人民解放军信息工程大学,2001.

[46] 李爱民. 基于 WebGIS 的房地产楼盘管理信息系统的研究与实践[D]. 郑州:中国人民解放军信息工程大学,2002.

[47] 薛志宏. 数字水准仪的原理、检定及应用研究[D]. 郑州:中国人民解放军信息工程大学,2002.

[48] 李爱民. 基于 GIS 的公路工程管理信息系统研究[J]. 军事测绘,2002.

[49] 李爱民,郭立群. 基于 GIS 的公路测量信息管理系统[J]. 测绘科学技术学报,2007(6):447-450.

[50] 赵冬青. 大地测量数据共享与系统集成技术的研究[D]. 郑州:中国人民解放军信息工程大学,2002.

[51] 邓雪清. 变形监测数据处理及变形分析系统研究[D]. 郑州:中国人民解放军测绘学院,1999.

[52] 田应中,等. 地下管线网探测与信息管理[M]. 北京:测绘出版社,1997.

[53] 包欢. 自动极坐标实时差分测量系统及其在大坝外部变形监测中的应用[D]. 郑州:中国人民解放军信息工程大学,2000.

[54] 李爱民,孙现申,储鸽. 基于 GIS 的房地产楼盘管理信息系统的设计[J]. 测绘学院学报,2003(2):93-95.

[55] 胡恬,等. 市政工程设计与管理信息系统的数据库设计与实现[J]. 湖北工学院学报,1998.

[56] 贾光军,崔国利. 市政工程测量数据处理系统的建立[J]. 北京测绘,2002.

[57] 王贤萍. 市政管线的综合规划与管理[J]. 中国给水排水,2002.

[58] 刘中宇. 加强市政管线的综合规划与管理[J]. 安装,2001.

[59] 刘励忠. 浅谈市政工程的监理[J]. 路基工程,1999.

[60] 赵亚蓓. 基于 Web 技术的铁路工务地理信息系统研究与实现[D]. 郑州:中国人民解放军信息工程大学,2006.

[61] 张晓东. GIS 技术在铁路勘测设计一体化中的应用研究与开发[D]. 石家庄:石家庄铁道学院,2003.

[62] 杨晋强,孙现申,李爱民,等. 公路工程监理信息系统的设计与实现[J]. 测绘学院学报,2001(2):96-98.

[63] 王纯祥. 三维地层信息系统及其力学分析功能研究[D]. 北京:中国科学院研究生院,2003.

[64] 贾利民,邹伦. 搞好总统设计,全面推进铁路地理信息系统建设[J]. 铁路计算机应用,2001(8):

1-4.

[65] 李光伟.铁路地理信息系统建设若干问题的讨论[J].铁路计算机应用,2001(8):7-9.

[66] 李季涛.铁路路网地理信息系统的研究[J].铁路计算机应用,2000(6):15-18.

[67] 周炎坤,李满春.大型空间数据仓库初探[J].测绘通报,2002(8):22-23.

[68] 刘艳芳.铁路 GIS 空间数据库的设计思想[J].北京测绘,2002(4):15-17.

[69] 李爱民,赵远方,姚付良.基于公路 GIS 的中线里程值实时显示算法[J].北京测绘,2007(3):27-29,26.

[70] 苏衍坤,李爱民,李辉,等.数字水准测量文档生成管理系统的设计与实现[J].山东省农业管理干部学院学报,2007(3):162-164.

[71] 李爱民,孙现申,储鸽,等.石油物探地理信息系统中数据库的建立[J].测绘科学技术学报,2006(4):310-312.

[72] 李爱民.Visual Basic 环境下 Excel 报表功能的实现[J].信息工程大学学报,2002(4):51-53.

[73] 李爱民.对工程测量内外业一体化的探讨[J].北京测绘,2000(2):23-25,22.